Oxford
International
Primary

[英] 艾莉森·佩奇（Alison Page）
霍华德·林肯（Howard Lincoln）**著**
卡尔·霍尔德（Karl Held）

赵婴 樊磊 刘畅 郭嘉欣 刘桂伊 **译**

8

适合12~13岁

牛津 给孩子的
信息科技通识课

0100101001110101

清華大学出版社
北京

内 容 简 介

新版《牛津给孩子的信息科技通识课》共 9 册，旨在向 5 ～ 14 岁的学生传授重要的计算思维技能，以应对当今的数字世界。本书是其中的第 8 册。

本书共 6 单元，每单元包含循序渐进的 6 部分内容和一个自我测试。教学环节包括学习目标和学习内容、活动、额外挑战和更多探索等。自我测试包括一定数量的测试题和以活动方式提供的操作题，读者可以自测本单元的学习成果。第 1 单元介绍计算机网络和互联网服务；第 2 单元介绍网络学习及其课件制作；第 3 单元介绍如何编写使用数据结构的程序；第 4 单元以线性搜索和二分搜索为例介绍过程和函数的创建与使用；第 5 单元介绍如何运用技术创造性地制作视频；第 6 单元介绍如何在 Excel 中分析数据，辅助决策。

本书适合 12 ～ 13 岁的学生，可以作为培养学生 IT 技能和计算思维的培训教材。

北京市版权局著作权合同登记号　图字：01-2021-6588

图书在版编目（CIP）数据

牛津给孩子的信息科技通识课 . 8 /（英）艾莉森·佩奇 (Alison Page)，（英）霍华德·林肯 (Howard Lincoln)，（英）卡尔·霍尔德 (Karl Held) 著；赵婴等译 . —北京：清华大学出版社，2024.9

　　ISBN 978-7-302-61737-2

　　Ⅰ．①牛… 　Ⅱ．①艾… ②霍… ③卡… ④赵… 　Ⅲ．①计算方法－思维方法－青少年读物 　Ⅳ．① O241-49

　　中国版本图书馆 CIP 数据核字 (2022) 第 159584 号

责任编辑：袁勤勇
封面设计：常雪影
责任校对：郝美丽
责任印制：沈　露

出版发行：清华大学出版社
　　　　网　　　址：https://www.tup.com.cn，https://www.wqxuetang.com
　　　　地　　　址：北京清华大学学研大厦 A 座　　　　　　　邮　　编：100084
　　　　社 总 机：010-83470000　　　　　　　　　　　　　　邮　　购：010-62786544
　　　　投稿与读者服务：010-62776969，c-service@tup.tsinghua.edu.cn
　　　　质 量 反 馈：010-62772015，zhiliang@tup.tsinghua.edu.cn
印 装 者：小森印刷（北京）有限公司
经　　销：全国新华书店
开　　本：210mm×260mm　　　　　印　　张：11.5　　　　　字　　数：220 千字
版　　次：2024 年 9 月第 1 版　　　印　　次：2024 年 9 月第 1 次印刷
定　　价：69.00 元

产品编号：089970-01

序言

2022年4月21日，教育部公布了我国义务教育阶段的信息科技课程标准，我国在全世界率先将信息科技正式列为国家课程。"网络强国、数字中国、智慧社会"的国家战略需要与之相适应的人才战略，需要提升未来的建设者和接班人的数字素养和技能。

近年，联合国教科文组织和世界主要发达国家都十分关注数字素养和技能的培养和教育，开展了对信息科技课程的研究和设计，其中不乏有价值的尝试。《牛津给孩子的信息科技通识课》是一套系列教材，经过多国、多轮次使用，取得了一定的经验，值得借鉴。该套教材涵盖了计算机软硬件及互联网等技术常识、算法、编程、人工智能及其在社会生活中的应用，设计了适合中小学生的编程活动及多媒体使用任务，引导孩子们通过亲身体验讨论知识产权的保护等问题，尝试建立从传授信息知识到提升信息素养的有效关联。

首都师范大学外国语学院赵婴教授是中外教育比较研究者；首都师范大学教育学院樊磊教授长期研究信息技术和教育技术的融合，是普通高中信息技术课程课标组和义务教育信息科技课程课标组核心专家。他们合作翻译的该套教材对我国信息科技课程建设有参考意义，对中小学信息科技课程教材和资源建设的作者有借鉴价值，可以作为一线教师的参考书，也可供青少年学生自学。

熊璋

2024年5月

译者序

2014年，我国启动了新一轮课程改革。2018年，普通高中课程标准（2017年版）正式发布。2022年4月，中小学新课程标准正式发布。新课程标准的发布，既是顺应智慧社会和数字经济的发展要求，也是建设新时代教育强国之必需。就信息技术而言，落实新课程标准是中小学教育贯彻"立德树人"根本目标、建设"人工智能强国"及实施"全民全社会数字素养与技能"教育的重要举措。

在新课程标准涉及的所有中小学课程中，信息技术（高中）及信息科技（小学、初中）课程的定位、目标、内容、教学模式及评价等方面的变化最大，涉及支撑平台、实验环境及教学资源等课程生态的建设最复杂，如何达成新课程标准的设计目标成为未来几年我国教育面临的重大挑战。

事实上，从全球教育视野看也存在类似的挑战。从2014年开始，世界主要发达国家围绕信息技术课程（及类似课程）的更新及改革都做了大量的尝试，其很多经验值得借鉴。此次引进翻译的《牛津给孩子的信息科技通识课》就是一套成熟的且具有较大影响的教材。该套教材于2014年首次出版，后根据英国课程纲要的更新，又进行了多次修订，旨在帮助全球范围内各个国家和背景的青少年学生提升数字化能力，既可以满足普通学生的计算机学习需求，也能够为优秀学生提供足够的挑战性知识内容。全球任何国家、任何水平的学生都可以随时采用该套教材进行学习，并获得即时的计算机能力提升。

该套教材采用螺旋式内容组织模式，不仅涵盖计算机软硬件及互联网等技术常识，也包括算法编程、人工智能及其在社会生活中的应用等前沿话题。教材强调培养学生的技术责任、数字素养和计算思维，完整体现了英国中小学信息技术教育的最新理念。在实践层面，教材设计了适合中小学生的编程活动及多媒体使用任务，还以模拟食品店等形式让孩子们亲身体验数据应用管理和尊重知识产权等问题，实现了从传授信息知识到提升信息素养的跨越。

该套教材所提倡的核心观念与我国信息技术课标的要求十分契合，课程内容设置符合我国信息技术课标对课程效果的总目标，有助于信息技术类课程的生态建设，培养具有科学精神的创新型人才。

他山之石，可以攻玉。此次引进的《牛津给孩子的信息科技通识课》为我国5～14岁的学生学习信息技术、提高计算思维提供了优秀教材，也为我国中小学信息技术教育提供了借鉴和参考。

在本套教材中，重要的术语和主要的软件界面均采用英汉对照的双语方式呈现，读者扫描二维码就能看到中文界面，既方便学生学习信息技术，也帮助学生提升英语水平。

本套教材是5~14岁青少年学习、掌握信息科技技能和计算思维的优秀读物，既适合作为各类培训班的教材，也特别适合小读者自学。

本套教材由赵婴、樊磊、刘畅、郭嘉欣、刘桂伊翻译。书中如有不当之处，敬请读者批评指正。

译者
2024年5月

前言

向青少年学习者介绍计算思维

《牛津给孩子的信息科技通识课》是针对5~14岁学生的一个完整的计算思维训练大纲。遵循本系列课程的学习计划，教师可以帮助学生获得未来受教育所需的计算机实用技能及计算思维能力。

本书结构

本书共6单元，针对12~13岁的学生。

❶ **技术的本质**：介绍计算机网络和互联网服务。

❷ **数字素养**：通过在线研究进行学习和探索发现。

❸ **计算思维**：编写使用数据结构的程序。

❹ **编程**：使用过程或函数编写程序，并做算法比较。

❺ **多媒体**：运用技术创造性地制作视频。

❻ **数字和数据**：使用技术分析数据，辅助决策。

你会在每个单元中发现什么

- 简介：线下活动和课堂讨论帮助学生开始思考问题。
- 课程：6课程引导学生进行活动式学习。
- 测一测：测试题和活动用于衡量学习水平。

你会在每课中发现什么

每课的内容都是独立的，但所有课程都有共同点：每课的学习成果在课程开始时就已确定，学习内容既包括技能传授，也包括概念阐释。

活动 每课都包括一个学习活动。

额外挑战 让学有余力的学生得到拓展的活动。

测验 4个难度递增的小测验，检测学生对课程的理解。

附加内容

你也会发现贯穿全书的如下内容：

词云图 词汇云聚焦本单元的关键术语以扩充学生的词汇量。

创造力 对创造性和艺术性任务的建议。

探索更多 可以带出教室或带到家里完成的附加任务。

未来的数字公民 在生活中负责任地使用计算机的建议。

词汇表 关键术语在正文中以彩色显示，并在本书最后的术语表中进行阐释。

评估学生成绩

每个单元最后的"测一测"部分用于对学生成绩进行评估。

- 进步：肯定并鼓励学习有困难但仍努力进取的学生。
- 达标：学生达到了课程方案为相应年龄组设定的标准。大多数学生都应该达到这个水平。
- 拓展：认可那些在知识技能和理解力方面均高于平均水平的学生。

测试题和活动按成绩等级进行颜色编码，即红色代表"进步"，绿色代表"达标"，蓝色代表"拓展"。自我评估建议有助于学生检验自己的进步。

软件使用

建议本书读者用Scratch进行编程。对于其他课程，教师可以使用任何合适的软件，例如Microsoft Office、谷歌Drive、LibreOffice、任意Web浏览器。

资源文件

你会在一些页看到这个符号，它代表其他辅助学习活动的可用资源。例如Scratch编程文件和可下载的图像。

可在清华大学出版社官方网站www.tup.tsinghua.edu.cn上下载这些文件。

目录

本书知识体系导读

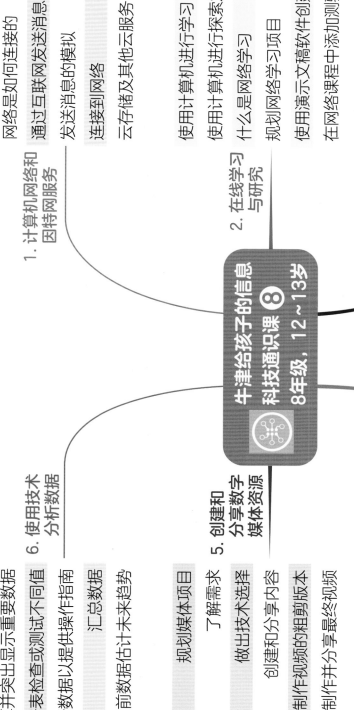

牛津给孩子的信息
科技通识课 **8**
8年级，12~13岁

1. 计算机网络和因特网服务
- 计算机网络硬件
- 网络是如何连接的
- 通过互联网发送消息
- 发送消息的模拟
- 连接到网络
- 云存储及其他云服务

2. 在线学习与研究
- 使用计算机进行学习
- 使用计算机进行探索发现
- 什么是网络学习
- 规划网络学习项目
- 使用演示文稿软件创建课程
- 在网络课程中添加测验

3. 使用数据结构编写程序
- 创建列表并赋值
- 处理列表元素
- 避免列表越界错误
- 遍历列表
- 界面及菜单界面制作
- 激活菜单选项

4. 使用过程或函数编写程序
- 修改程序
- 编写和使用过程
- 线性搜索
- 线性搜索过程
- 两种搜索比较
- 二分搜索

5. 创建和分享数字媒体资源
- 规划媒体项目
- 了解需求
- 做出技术选择
- 创建和分享内容
- 制作视频的粗剪版本
- 制作并分享最终视频

6. 使用技术分析数据
- 以结构化形式管理数据
- 计算并突出显示重要数据
- 使用数据表检查或测试不同值
- 分析数据以提供操作指南
- 汇总数据
- 由当前数据估计未来趋势

技术的本质：了解网络

你将学习：

► 网络硬件知识，网络组件如何协同工作；

► 如何通过网络发送消息；

► 关于数据包交换；

► 如何连接到网络以及如何解决网络连接问题；

► 关于云存储和其他云服务。

在第5册中，你学会了如何寻找线索来判断学校是否有网络。你学习了网络使用的特殊硬件，如集线器和路由器。在本单元中，你将学习更多有关网络的知识。你将了解网络的硬件组件及其连接方式，了解如何通过网络发送消息。你还将学习如何连接到网络，以及如何解决可能遇到的问题。最后，你将了解云存储和其他云服务。

不插电活动

你对网络连接了解多少？环顾你所在的房间，记下你能看到的与网络相关的所有东西。如果有时间，拍一张照片或画一幅画。

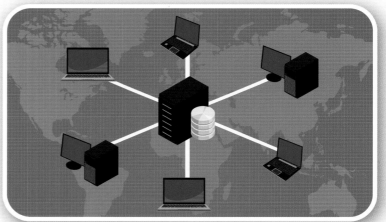

学习成果：解释计算机如何通信；描述互联网服务（例如，云存储）。

网络　集线器
交换机　服务器　路由器　数据包
数据包交换　云
数据中心　无线接入点

云

谈一谈

截至2023年年底，全球约有53亿人接入互联网，约占总人口的65%。我国网民规模达10.8亿人（约占总人口的76.4%）。

在世界不同地区，接入互联网的人数各不相同。这个比例在欧洲、北美洲和亚洲部分地区很高。在非洲部分地区，能接入互联网的比例仍然很低。

一部分人还是不能访问互联网，这公平吗？你认为人们错失了什么？有什么方法能使剩下的人更容易访问互联网吗？

你知道吗？

2019年引入了一项改进的新型移动电话服务，即5G。5G提供的互联网连接速度比通过电缆运行的家庭互联网链接更快。一些人认为，5G移动电话网络将成为我们未来在家接入互联网的主要方式。

1.1 网络硬件

本课中

你将学习：

▶ 关于网络所需的硬件。

螺旋回顾

在第5册中，你学习了两种类型的网络。一是局域网，例如你们学校的局域网；二是广域网，例如互联网。网络使用特殊的设备。你学会了如何寻找线索，这些线索告诉你学校是否有网络。

使用网络

当你使用计算机时，你通常在使用**网络**。

你可以使用学校网络。如果你在家，你可能有一个**宽带网络**将你连接到互联网。

当你发送电子邮件、保存学校作业或在社交媒体网站发布你的想法时，你都在使用网络。你通常不会过多地考虑如何使用网络。你保存了一个文档，并希望在下次需要时，它是可用的。但是文件发生了什么，它去了哪里？

当我们通过网络发送或接收信息时，我们使用了许多计算机硬件。在本课中，你将了解有关网络硬件的更多信息。

网络硬件

服务器和存储

网络中最重要的硬件之一就是**服务器**。

服务器是一台计算机。

服务器是用来做什么的，线索就在其名称中。当你去餐馆时，服务员会为你提供食物。服务员的工作是确保每个人都能吃到他们点的饭菜。

服务器存储计算机文件和消息，并把它们发送给用户和设备（如打印机）。服务器的任务是确保文件被传送到它们想要传送的人或设备。

下面列举一些服务器可以完成的工作。

- 接收文字处理文件，并将其保存到网络存储驱动器；

- 找到你要的电子表格文件，并发送到你的计算机；

- 接收电子邮件，并将其发送给其他人；

- 接收你的文件打印请求，并将文件发送给打印机。

不同类型的服务器（文件服务器、打印服务器和电子邮件服务器等）执行不同的任务。

活动

每个案例都使用哪种类型的服务器？

你认为网络服务器的工作是什么？

所有的计算机都需要存储数据。服务器也一样。它们附带了存储设备。服务器使用的存储设备比个人计算机中的存储设备更大、速度更快。这是因为**网络存储**是由许多使用网络的人共享的。

集线器和交换机

当消息通过网络发送出去时，它们需要被发送到正确的位置。集线器和交换机来完成这项工作。但二者的工作方式是不同的。

当**集线器**接收到消息时，它会将其发送到所有与它连接的计算机。每台计算机都要核查消息。此条消息的目标计算机保存这条消息，其他计算机忽略该消息。

当**交换机**接收到消息时，它决定该消息发送给哪台计算机。它只向那台计算机发送消息。

例如，如果一个集线器连接了20台设备，它会向所有20台设备都发送消息。交换机却只将消息发送给它要发送的设备。

集线器和交换机的优缺点

当网络繁忙时，集线器发送的多余消息会减慢网络速度。集线器也不如交换机安全。黑客窃取信息的可能性更大。

交换机比集线器更昂贵，设置起来也更困难。但它更安全，工作速度更快。

活动

想象一下你在计算机部门工作。你的经理给你发了下面这封邮件。

"我计划升级我们会计部的网络，计算机管理员想在网络中使用交换机，我了解到集线器更便宜。你有什么建议？"

给邮件写一个简短的回复。

路由器和调制解调器

路由器把两个网络连接在一起。路由器通常用于将局域网或家庭网络连接到互联网。

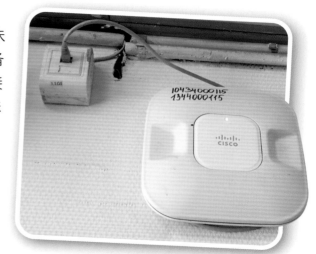

当两个网络连接在一起时，它们有时使用不同的方式发送数据，就像两个人用不同的语言交谈。如果有翻译为他们提供帮助，他们可以彼此交流。翻译能同时懂两种语言。翻译把词汇从一种语言转换成另一种语言。这是网络中**调制解调器**的工作。它接收一个网络发送的数据，并将其转换为第二个网络可以理解的形式。

无线接入点

大多数现代网络允许无线连接。这意味着像笔记本计算机和平板计算机这样的设备不必使用电缆就可以连接到网络。无线连接需要一个称为**无线接入点（WAP）**的特殊硬件。

WAP（无线接入点）通过电缆连接到网络。但是计算机可以无线连接到WAP，不需要电缆。多台计算机可以连接到一个WAP。WAP放在天花板上或高挂在墙上。

网络接口卡

网络接口卡（NIC，简称网卡）允许计算机或其他设备连接到网络。大多数设备都配有NIC。

标准台式机或笔记本计算机将配备两个NIC。

- 一种允许插入网线。

- 另一个允许无线连接。

NIC安装在计算机机箱内，但你会看到机箱外部的网络电缆插座。

⚙ 活动

在学校寻找网络硬件，为你所找到的硬件拍照。制作一份文档，并给照片加上标题。

如果你有家庭网络，请为你的家庭路由器拍照，并将其添加到文档中。

➤ 额外挑战

在网页上搜索本课中描述的网络硬件类型的图像。

将图像粘贴到在"活动"中创建的文档的末尾，并给它们加上标题。

✓ 测验

1. 服务器在网络中的作用是什么？

2. 什么样的网络硬件用于提供无线连接？

3. 路由器和调制解调器如何在网络中协同工作？

4. 解释为什么在网络中使用交换机而不是集线器。

本课中

你将学习：

▶ 网络的硬件组件是如何连接的；

▶ 硬件组件如何协同工作。

家庭网络

许多人在家里都有网络连接。互联网信号通过电话线或特殊的宽带电缆到达你家。当互联网连接到你家，它是连接到一个称为家用路由器的设备。在1.1课中，你了解了网络中使用的设备。家用路由器将网络所需的主要设备组合成一个放在架子或桌子上的小盒子。小型家用路由器包含4个主要组件。

● **路由器**将你的家连接到互联网。

● **调制解调器**将通过电话线或宽带电缆的信号转换为家庭网络可以使用的数字数据。

● **交换机**可以确保进入你家的信息被发送到正确的计算机上。

● **无线接入点**可以让你在家中的任何地方无线连接到网络。

右图为家用路由器的背面。黄色的电缆将互联网连接到路由器，4个空插座允许设备使用电缆接入路由器。插座有时用于连接打印机等其他设备。

3个天线（在此图中看起来像黑色的棍子）连接到无线接入点。并非所有无线接入点（WAP）都有天线，但天线可以改善无线信号。大多数人使用无线连接将计算机连接到路由器。

⚙ 活动

1.1课中列出的哪些网络组件不包括在家用路由器中？请列出。

如果你有家庭宽带连接，请仔细检查家用路由器。你能辨别本课描述的特征吗？

不要触摸或拆除任何电缆。这是一个带电的装置，可能有危险。

局域网

局域网（LAN）比家庭网络大得多，但它包含同样的组件。局域网中的组件更大，而且有更多的组件。局域网不像家庭网络那样保存在单个机箱中。局域网设备分布在建筑物周围。设备存放在柜子里，柜子要么放在地板上，要么贴在墙上。

连接局域网组件

服务器和交换机等网络组件通过电缆连接。

两种电缆连接网络设备。

- **铜缆**是网络中最常见的电缆。网络使用**双绞线电缆**，由多对细铜线绞合而成。数据以电脉冲的形式沿铜缆传输。

- **光纤电缆**是由细股透明纤维组成的。数据以**光脉冲**的形式沿光纤电缆传送。

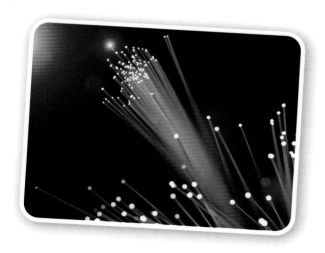

这两种电缆有3个重要的区别。

1．更多数据可以通过光纤电缆以更快的速度传输。数据以光的形式传输。没有什么比光传播得更快。

2．光纤电缆的使用距离比铜缆长。电脉冲在传播过程中衰减。铜缆只能在100m的距离内使用。

3．使用铜缆比较便宜。

1

技术的本质：了解网络

服务器机房

网络的中心是一个**服务器机房**。这个房间通常有空调，因为计算机设备产生大量热量。如果天气太热，设备可能会损坏。

服务器机房内有网络中的所有服务器，且有集线器和交换机，以便网络的其余部分可以连接到服务器。

所有服务器必须连接到集线器或交换机。数据在服务器和集线器或交换机之间通过一根电缆传输。所有设备都必须连接到集线器或交换机。单个集线器或交换机可以连接到多个设备。每个连接使用自己的电缆。

当计算机接入网络插座时，它就与网络相连。它通过电缆向集线器或交换机发送消息。集线器或交换机将消息从多个设备传递到服务器或从服务器传递出去。

集线器室

有时你需要将一个建筑的一片区域连接到距离服务器机房100m以上的网络。这不能用铜缆实现。电信号传输不了那么远。因此，在将要连接到网络的区域附近设置一个**集线器室**。

集线器室不包含服务器。它只有交换机和集线器。远处的每个网络插座都连接到集线器室中的集线器或交换机。集线器室中的集线器或交换机使用光纤电缆连接到主服务器室。使用光纤电缆意味着网络距离服务器机房可以超过100m。

右边的示意图显示了学校中要连接到学校局域网的区域。该区域包括4间教室、1间包含20台计算机的IT教室、1间办公室和1间储藏室。

每个教室（包括IT教室）必须具备：

- 教师桌上有两个网络连接；
- 安装在天花板上的局域网网络连接。

IT教室还应具备：

- 为20台计算机中的每台计算机提供一个网络连接；
- 打印机的网络连接。

这间办公室由4位老师使用。每个人都有自己的办公桌。

- 每个办公桌有两个网络连接。
- 办公室里的打印机有一个额外的网络连接。

画一张平面图。在每个房间中写下所需的网络连接数量。

总共需要多少个网络连接？

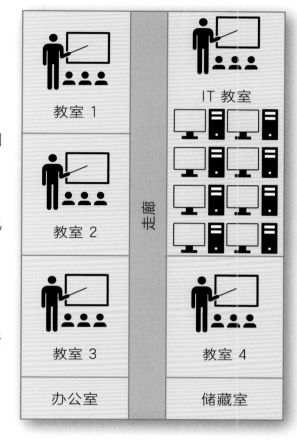

额外挑战

网络的集线器或交换机将被保存在其中一个房间墙上的机柜中。建议用可以容纳两个柜子的房间。

学校有两个备用交换机，每个交换机有24个输入连接，学校需要再买更多的交换机吗？

测验

1. 列出家用路由器中包含的4个网络组件。

2. 局域网中使用的两种电缆是什么？

3. 给出一个在局域网中使用光纤电缆的例子。

4. 解释为什么在局域网中使用集线器室。

本课中

你将学习：

▶ 互联网发送信息的一些规则。

已连接

连接到互联网意味着你可以发送和接收信息。你可以发送多种类型的消息，其中包括简单的短信、音频、视频和照片。

对于计算机来说，文本信息和视频是一样的——它们都是**数字数据**。计算机将所有文件存储为由0和1组成的数字数据。它通过互联网以相同的方式发送每个文件。

在本课中你将构建一个模型。你将使用它来了解如何通过互联网发送消息。完成的模型与下图中的模型相似。它看起来很复杂，但在下一课中使用它之前，你需要一步一步构建它。

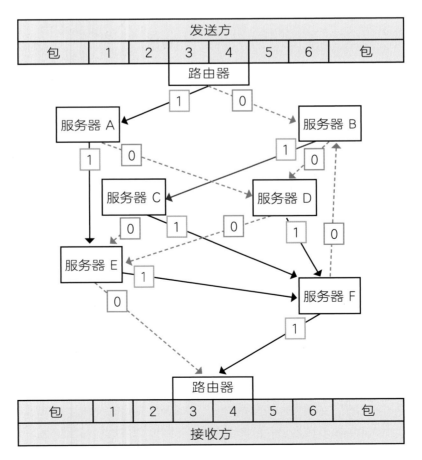

准备好建立你的模型。你需要一大张纸、两三支彩色铅笔或钢笔和一把尺子。如果你没有大纸，就把两张A4打印纸沿着长边粘在一起。

首先，在工作表的顶部添加发送方部分。它包括三个部分：

- "发送方"。

- 标记为"包"的行。这一行应该包含6个框，编号为1到6。

- 标有"路由器"的框。

在工作表的底部添加一个类似的部分。此部分称为"接收方"，是你在页面顶部绘制的"发送方"部分的镜像。

不要将这部分画得太大。在表格的中间留出足够的空间。

什么是数据包

计算机并不是通过互联网将消息作为单个数据段发送的。通过互联网发送的任何文件在发送之前都会被拆分成更小的部分。这样的部分称为**数据包（Packet，也称为分组）**。无论信息是电子邮件、照片还是字处理文件，在发送前都会被分成较小的数据包。这使得网络中的设备更容易处理发送消息。一个数据包的大小与这个段落差不多（大约550个字符）。如果你能看到一个数据内部，你将看到的数字数据——0和1。

当数据包到达目的地时，它们必须重新组合到原始消息中。你不必担心创建数据包或将它们重新组合在一起。当你通过互联网发送消息时，你的计算机会自动完成这项工作。

如果你发送一张照片或一条较大的消息，会发送成千上万个数据包。每个数据包都发给接收消息的人。每个数据包都被编号，以便消息可以按正确的顺序重新组合在一起。

路由器做什么

在1.1课中你了解到路由器用于将学校或家庭网络连接到互联网。你的消息中的每一个数据包都会一个接一个地通过路由器。当你使用模型时，你将在发送数据包之前将数据包移动到路由器框中。

活动

回到你开始画的模型。在页面中央的空白处执行以下操作：

- 画6个框。不要把框画得太大，确保它们之间有足够的空间。

- 将框标记为"服务器A"到"服务器F"。如果你不确定框应该是什么样子，请回顾第12页的示意图。

服务器做什么

如1.1课所述，服务器的任务是通过网络发送文件。当通过互联网发送一条消息时，它被分成若干数据包。每个数据包分组在互联网上分步传输，从一个服务器传到另一个服务器，直至到达目的地。

活动

在本活动中，你将添加链接，将模型中的服务器连接在一起。在真实生活中，每台服务器都将链接到许多其他服务器。你将为模型中的每个服务器添加两个链接。这样可以简化工作。

为使你的模型容易操作，请选择两种不同的线型。

- 使用两种不同的颜色。

- 一种线型标记为"0"，另一种线型标记为"1"。

添加一个箭头来指示线的方向。从页面顶部的路由器开始，绘制到两个服务器的连接，使用不同的线型。

处理每个服务器，向模型中的其他服务器添加两个链接。确保每个服务器至少链接到一次。

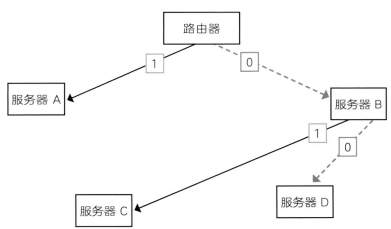

确保两条线（一条线一种线型）连接到接收方的路由器，如下图所示。

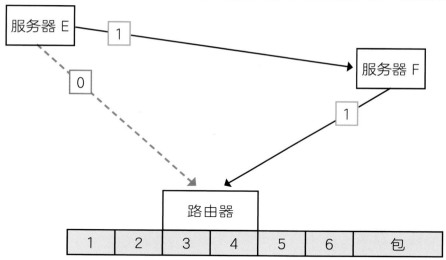

额外挑战

回顾本课开始时完成的模型。检查你画的模型，确保它看起来是一样的。如果不一样，一定要明白自己哪里出错了。更新你的模型。

数据包如何在互联网上传输

你已经学习了消息在找到目的地时会从一个服务器传递到另一个服务器。消息没有事先设定的路径。当服务器收到一个数据包时，它必须决定数据包发送到的下一个位置。服务器总是沿着最清晰的路径发送消息，避免慢速或阻塞的路径。

测验

1. 路由器的用途是什么？

2. 数据包如何在互联网上传输？

3. 为什么互联网信息以数据包的形式发送？

4. 解释为什么必须要给通过互联网发送的数据包编号。

本课中

你将学习：

► 如何使用数据包交换方法在互联网上发送消息。

模拟

在本课中，你将使用在1.3课中绘制的模型演示如何通过互联网将消息从一台计算机发送到另一台计算机。该模型显示了如何一步一步地发送消息。你将在模拟中使用该模型，模拟复制现实生活中发生的事情。

到目前为止你知道什么

- 所有通过互联网发送的数据都是数字数据。

- 消息在互联网上持续地从一个服务器传递到另一个服务器，最终到达目的地。

- 消息在通过互联网发送之前被分成较小的数据包。

- 路由器用于将本地计算机连接到互联网。所有通过互联网发送的消息都将通过路由器。

准备模拟

你需要：

- 你完成的模型；

- 你将在本课中创建的一张跟踪表；

- 一枚硬币；

- 6张正方形的纸，大小与模型中数据包行中的数字正方形相同。把正方形编号为1~6。这些将是你用于模拟的数据包。

活动

创建一个像这样的表格。

数据包跟踪器								
	步骤1	步骤2	步骤3	步骤4	步骤5	步骤6	步骤7	步骤8
数据包1								
数据包2								
数据包3								
数据包4								
数据包5								
数据包6								

演示模拟

设置你的模拟板。先将6个带编号的正方形放在"发送方"部分的数据包行中。模拟的目的是将消息通过服务器网络传送到接收方。

在模拟过程中，你将通过掷硬币来决定每个数据包将会在服务器之间选择哪条路径。决定硬币的哪一面代表"0"，哪一面代表"1"。做个笔记以便记住。

将数据包1移动到路由器。现在可以开始了。

规则

- 在每轮开始时掷硬币。此结果将决定该轮中所有数据包将选择的路径。

- 使用投币决定的路径（0或1）将正在演示的每个数据包移动到下一个服务器。如果数据包在服务器上或在发送方的路由器框中等待，则该数据包处于"正在演示中"。如果按数字顺序将数据包从最低位置移动到最高位置，就会更容易。

- 在表中，记录每个数据包移动到的服务器字母。当数据包到达接收方路由器时，在表中写一个"R"。

数据包跟踪器							
	步骤1	步骤2	步骤3	步骤4	步骤5	步骤6	步骤7	步骤8
数据包1	A	D	E	F	R			
数据包2	B	D	F	R				
数据包3	B	C	F					
数据包4	A	E						
数据包5	A							
数据包6								

- 将到达接收方路由器的任何片段移动到数据包行中的下一个可用空格。不要将数据包放在接收方数据包行中与其匹配的空格中。按它们到达的顺序把它们放在下一个空格里。因此，如果数据包6是第4个到达的，它将进入第4个空格，而不是第6个空格。

- 将下一个发送方数据包移到路由器上。

重复操作，直到所有数据包都从发送方移动到接收方。完成模拟大约需要8到9轮。在任何时候都有3到4个数据包"在演示中"。

活动

演示模拟，然后回答以下问题。你可能希望在一个小组中进行模拟。

看看跟踪表。

- 所有数据包到达接收方的步骤数是否都相同？

- 所有的数据包都采用相同的路由通过网络吗？

- 任意数据包都采用相同路由通过网络吗？

- 数据包到达接收方的顺序与发送方发出的顺序是否相同？

事实上很可能，你发送的数据包到达的顺序不对。最后一步需要添加到模型中，以确保接收方能够理解消息。你知道那个步骤是什么吗？

数据包交换

刚才进行的模拟是显示**数据包交换**的一种简单方法。

- 消息被分成一些小部分，这些部分称为数据包。

- 当数据包在互联网上传输时，它被切换至最清晰的路径。

数据包交换是通过互联网发送消息的一种可靠方式。几乎所有消息都能正确到达目的地。数据包交换用于通过局域网和互联网发送数据。

数据包交换是由你的计算机和网络中的其他硬件自动执行的。每次登录到网络时都会使用数据包交换。

一个数据包里有什么

你已经知道，一个数据包包含一条完整消息的一小部分。包中的数据作为数字数据存储。

每个数据包都包含一些额外数据。

- **消息收件人的地址。** 当发送电子邮件时，你必须添加要接收此电子邮件的人的地址（例如，a.friend@gmail.com）。当你的消息被拆分为数据包时，每个数据包都必须包含地址。

- **数据包的序列号。** 在模拟中看到，数据包可能以错误的顺序到达目的地。序列号会让接收此消息的计算机将数据包按正确的顺序排序。

- **消息中的数据包总数。** 接收此条消息的计算机使用此信息去检查是否已接收到所有数据包。如果有任何数据包丢失，计算机将向发送方发回一条消息，并要求重新发送。这个工作是自动完成的，所以你不必重新发送整个消息。

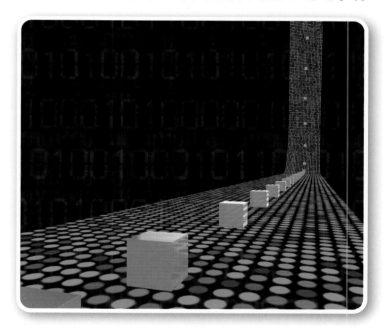

额外挑战

有时数据包在通过互联网发送时会丢失。这会给接收消息的计算机带来什么问题？

搜索网页去了解数据包交换时如何处理丢失的数据包。

测验

1. 如果数据包在网络上传送时丢失，会发生什么情况？

2. 在通过网络发送数据包时，列出数据包中包含的三部分信息。

3. 为什么数据包会以错误的顺序到达目的地？

4. 用你自己的话来描述术语"数据包交换"。

1.5 连接到网络

本课中

你将学习：

▶ 怎样连接到网络；

▶ 网络连接的基本故障排除方法。

网络连接类型

连接到网络主要有三种方式。

1．有线：你的计算机使用电缆与墙上的数据点进行连接。只有在附近有网络点时，你才能连接到网络。你不能移动你的计算机。有线连接用于台式计算机，有时用于笔记本计算机。

2．无线（Wi-Fi）：无线连接不需要电缆。信号在你的计算机和无线接入点（WAP）之间传输。1.1课提供了有关无线接入点的更多信息。

笔记本计算机、平板计算机和智能手机通过Wi-Fi连接到网络。使用Wi-Fi意味着你可以四处移动，也不会断开连接。

餐馆或商店等公共场所有时提供无线网络。公共场所的无线接入点称为**热点**。

3．移动电话：智能手机可以通过移动电话连接上网。任何有移动电话信号的地方都可以和网络建立连接。

如何连接到网络

学校网络

每个被允许使用学校网络的人都有一个用户名和密码。你可以使用用户名和密码连接到网络。无论是有线连接还是无线连接，登录过程都是相同的。

家庭网络

家庭网络不需要用户名和密码。每个人的登录细节都相同。要登录到网络，你需要知道路由器的网络名称和**网络安全密钥**。这些信息在路由器的标签上。网络安全密钥的工作原理类似于密码。

当打开计算机时，你可以看到可用网络的列表。你的计算机将检测你的家庭网络和附近的任何其他网络。只要足够近，它还将检测到邻居的网络，以及任何公共热点。

点击网络名称时，系统会要求你输入网络安全密码。正确地输入网络安全密码以后将连接到网络。密码只需输入一次，计算机会记住它。如果你勾选"自动连接"框，你以后就不需要登录了。你的计算机将自动连接到网络。

解决网络问题

当你要解决计算机问题时，你必须操作电子设备。你的首要任务是确保安全。始终遵守学校的计算机使用安全规则。在处理家庭网络问题之前，一定要先和你的父母确认一下。

保持安全

始终遵守下列安全规则。

- 在连接或断开电源电缆之前，先关闭墙上的电源。

- 不要打开计算机或任何其他设备的机箱。

- 连接或断开电缆或部件时，切勿用力。

- 在试图移动一个设备（例如打印机）之前，请确保已断开所有电缆的连接。

- 不要独自举起沉重的设备。

- 如果有疑问，**停下**你的动作去寻求帮助。

🔬 创造力

制作一张海报去鼓励人们在解决计算机问题时采取负责任和安全的行动。

1
技术的本质：了解网络

做笔记

当你试图解决网络问题时，请记录：

- 计算机的位置；

- 你所遵循的操作步骤；

- 你在屏幕上看到的任何错误消息。

用户名和密码

如果你在登录网络时遇到问题，请检查所使用的用户名和密码是否正确。

密码区分大小写。这意味着，你用大写字母还是小写字母很关键。检查你有没有开启"大写锁定"。

如果你忘记了密码，请使用"忘记密码？"的链接去更改密码。你需要一个电子邮件地址，确保新的密码可以被发送至其中。在学校，你需要让IT技术人员更改密码。

有线网络

如果有线连接出现网络问题，请检查将计算机连接到网络点的电缆两端是否牢固连接。

计算机上的连接插座通常会有一个小绿指示灯。如果指示灯闪烁，则表示你的计算机已连接网络。

如果灯不闪烁，有两件事你可以检查。

- 将计算机连接到网络的电缆可能有故障。更换一条没有故障的电缆就能解决问题了。

- 你连接的网络点可能有故障。尝试其他网络点。

只有在学校IT技术规定允许的情况下，才能尝试解决学校网络的问题。否则，需向技术人员或老师报告问题，并使用另一台计算机，直到问题得到解决。

无线网络

如果无法无线连接到网络，请检查计算机上是否启用了无线连接。在屏幕底部的工具栏上找到Wi-Fi图标。如果上面有一个红十字，计算机上的无线接口可能被关闭了。

右图显示了无线网络符号。

单击Wi-Fi图标打开无线控制框。你可以通过单击标有Wi-Fi的按钮打开无线网络。

如果你使用的是平板计算机或智能手机，你将在设备上找到相同的Wi-Fi图标。如果图标为灰色，表示无线已关闭。轻触图标可打开无线网络。

家庭网络

如果你在连接家庭网络时遇到问题，请检查：

- 你输入的密码是否正确。

- 无线装置是否已经打开。

- 房子里的其他人是否已连接。如果他们已连接，问题很可能出在你的设备上，而不是路由器上。

还有一些基本检查，你可以在家庭网络路由器中操作。

- 路由器插上电源插座了吗？插座打开了吗？

- 检查连接到路由器背面的所有电缆是否安全。

如果完成以上这些检查，仍连接不上网络，请重置路由器。关掉电源，等待30s（秒），然后再次打开。不要按路由器上标有"重置（reset）"的任何按钮。

活动

写一个名为"如何连接到网络"的指南。

为即将开始使用计算机的学生设计指南，帮助他们在学校和家里学习。

额外挑战

分小组合作。使用你的多媒体技能创建网络连接的音频或视频指南。你可以用电话或录音机。在阅读你所写的指南时进行录音，或制作一个展示如何连接到学校网络的简短视频，并解释如何操作。

测验

1. 列出三种连接网络的方法。

2. 什么是热点？

3. 你无法将计算机连接到家庭网络。列出4个可能会导致你连接失败的原因。

4. 你想将笔记本计算机连接到学校网络。为什么无线连接比有线连接更好？

1.6 在云端

本课中

你将学习：

▶ 关于云存储；
▶ 关于云提供的其他服务。

螺旋回顾

在第4册中，你学习了计算机存储。你可以使用计算机上的存储设备保存文件。文件也可以保存在网络存储设备上。你可能在学校使用网络存储。

云是什么

云是一个用来描述互联网的术语。云是互联网的隐喻。你说互联网是一朵云，但没有使用"像"这个词，这就是隐喻。

将文件保存到云意味着将文件保存到互联网。

云存储

你在云端做的任何事都涉及数据存储。在云端保存文件时，它存储在大型存储设备上。存储设备存放在**数据中心**。

数据中心是一个非常大的计算机系统。它包含许多服务器和存储设备。数据中心通常有自己的楼宇。

谁提供云存储

云存储的供应商很多。你的网络供应商都可能会提供云存储。像华为、微软和谷歌这样的软件供应商也提供云存储。微软的云存储叫作OneDrive。

当你买了一台计算机或其他一些设备，如相机和智能手机时，你通常会得到免费的云存储。一些公司专门提供云存储。Dropbox就是其中一个。

通常，少量的云存储空间是免费提供的。有大量数据需要存储的企业和个人可以在必需时支付更多费用来获取更大空间。

云存储的优势

云存储的主要优势如下。

- 你可以在任何有网络连接的地方访问你的文件。如果将文件保存在自己的计算机上，则只有在随身携带计算机时才能访问该文件。如果你的文件保存在云，你就可以使用任何计算机在任何地方访问它。

- 你可以与其他人共享你的文件，例如，当你在处理一个团队项目时。

- 你的文件很安全。云存储供应商将会为你的文件进行备份，这样你就不必备份了。你的数据不太可能遭遇丢失或被盗。

其他云服务

存储不是使用云的唯一原因。还有许多其他服务。

协作

正如你在第7册中看到的，协作意味着与他人合作。

协作软件使合作更方便。如果文件存储在云中，团队中的任何成员都可以使用它们。

协作软件还允许来自不同地方的人们使用网络会议软件在线上会面。**网络会议**展示的是参加会议人员的视频。它还允许在屏幕上显示文件做笔记。网络会议为参会人员节省了路途中的时间。

软件应用程序

许多软件应用程序（App）都在云端工作，例如腾讯文档、Google Apps和Microsoft 365。这些应用程序使得与别人协同工作变得很方便。它们使共享文档和文件变得容易。

网络托管

如果你想建立一个网站，你需要一个网络服务器来存储你的网页。网络服务器可能很贵，而且大多数人都不具备设置和运行网络服务器的技能。

网络托管公司帮助那些想要建立网站的人。网络托管服务提供技术知识和网络编辑软件。这使得创建一个网站变得很容易。

音乐、视频和游戏

音乐和视频以在线形式存储已经很多年了。当**数字**音乐第一次在线存储时，人们购买并下载音乐。下载时，你将数字音乐文件的副本保存在计算机上，以后，你可以在计算机上播放音乐，或将其传送到MP3播放器（如iPod）上。

如今，音乐和视频经常被流式传输到计算机或是像智能手机这样的设备上。**流媒体**意味着音乐曲目在被下载到计算机时播放。播放音乐前不必保存文件的副本。流媒体是一种云服务。

在云中玩游戏意味着你可以与其他玩家竞争或合作。这种类型的游戏称为**多人游戏**。多人游戏比单人游戏更有趣。它们通常会包含一些社交媒体工具允许玩家可以就游戏进行聊天。

云服务的优缺点

以下是云服务的优点。

- 文件在任何地方和任何计算机上都可用。

- 协作和共享数据很容易。

- 数据是安全的。

- 开始使用的成本较低。

- 提供服务的公司提供技术帮助。

以下是云服务的缺点。

- 服务可能不是你需要的。

- 服务的所有者可以更改其工作方式。

- 服务的所有者可能会增加成本。

- 超时会很贵。

保存到云

保存文件时，必须选择保存位置。你可以将其保存在计算机的存储设备上，可以将其保存在网络存储设备上，也可以将其保存到云端。保存文件时，这些位置会为你一一列出，如右图所示。

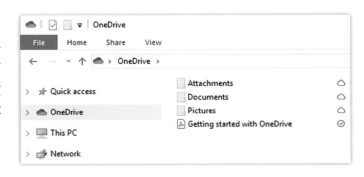

当你将文件保存到云中时，文件的副本也会保存到你的计算机中。这意味着即使你在没有网络连接的情况下，也可以打开文件并对它进行处理。

你可以选择不在计算机上保存文件副本。文件将只被保存到云中。这时如果没有网络连接，你将无法使用该文件。你可以将视频和照片等大文件保存到云中，以节省计算机的存储空间。

云存储使用图标告诉你文件是如何被保存的。

- 云状态图标显示文件仅保存在云中。

- 时钟状态图标告诉你文件已保存到云和计算机。

- 一个外观像人的图标告诉你该文件已经与别人共享。

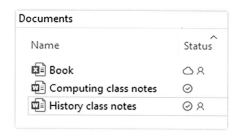

活动

你的公司即将推出新的云数据存储服务。

写一个广告来吸引尽可能多的新顾客。确保你的广告突出了云存储的优势。

额外挑战

你使用云服务吗？例如，多人游戏或流媒体音乐和视频。

列出你使用的服务。你最喜欢的服务是什么？为什么？

对于你使用的云服务，有哪些是你不喜欢的？

测验

1. 描述三种可以在云中访问的服务。

2. 数据保存到云时，数据被保存在哪里？

3. 解释为什么要将数据文件存储在云中。

4. 列出使用云服务的三个缺点。

测一测

你已经学习了：

▶ 网络硬件知识以及组件如何协同工作；

▶ 如何通过互联网发送消息；

▶ 数据包交换；

▶ 如何连接到网络及如何解决网络连接问题；

▶ 云存储和其他云服务。

尝试测试和活动。它们会帮助你了解自己的理解程度。

测试

1️⃣ 列出登录网络所需的两项信息。

2️⃣ 如果数据文件"在云中"，它被存储在哪里？

3️⃣ 连接网络设备的电缆有哪两种？描述每种电缆的优点。

4️⃣ 描述三种可以在云中使用的计算机服务。

5️⃣ 假设你在登录家庭网络时遇到困难。描述你为了解决问题可以操作的三项检查。

6️⃣ 为什么要将数据文件存储在云中而不是在自己的计算机上？举三个例子。

你已经被要求去创建演示文稿。它将被用来向其他同学解释，为了实现计算机通信，如何把网络的各个组成部分连接起来。

1．制作一两张幻灯片，告诉同学们如何连接学校网络和使用互联网。你可以使用截图或图片来帮助解释。

2．制作一两张幻灯片，介绍你在家或学校可能找到的网络硬件。你可以把你自己拍的照片或者在网络搜索时发现的照片也包含进来。

3．添加一两张幻灯片，解释在连接学校网络时遇到问题该怎么办。关于如何解决这个问题给出一些提示。

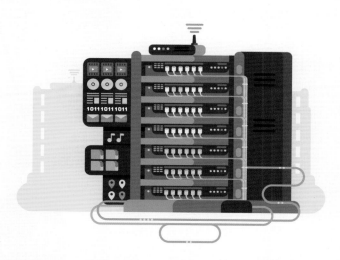

自我评估

- 我回答了测试题1和测试题2。

- 我完成了活动1。

- 我回答了测试题1~测试题4。

- 我完成了活动1和活动2。

- 我回答了所有的测试题。

- 我完成了所有的活动。

重读本单元中你不确定的部分。再次尝试测试和活动，这次你能做得更多吗？

1
技术的本质：了解网络

 **数字素养：计算机与学习**

你将学习：
- ▶ 计算机是如何帮助人们学习的；
- ▶ 如何利用计算机进行发现；
- ▶ 如何利用在线搜索帮助完成一个项目。

可以用计算机来帮助你学习任何科目。你在计算机课上学到的技能不仅能在你在校学习的时候帮助你，而且在你的一生中都很重要。当你离开学校时，计算机将在你的职业生涯中占有重要地位。

计算机已被用来完成一些重大发现，你将了解这些发现如何在太空探索、医学和自然灾害（如地震等）防治等方面发挥作用。也许在将来，你也会为一个重大发现做出贡献。

在本单元稍后的部分，你将以小组形式创建一个简短的电子学习课程，使用在线搜索来帮助你完成这个项目。

⚡ **不插电活动**

如何使用计算机来帮助你做功课？列个清单。你用什么软件和硬件？

举例说明你曾经用计算机做过的、令你引以为豪的事情。

英国大学的科学家创造了一个"机器人科学家"。他们声称这是第一台发现新科学知识的计算机。这个机器人叫亚当。亚当利用人工智能进行研究。人工智能是一种让计算机像人类一样思考和工作的技术。亚当发现了酵母,这个发现很简单。但它却很重要,因为它是在没有太多人的帮助下完成的。

谈一谈

计算机可以在许多学科上支持你的工作,而不仅仅是计算。你在哪些学科中最频繁地使用计算机?

有什么学科根本不用计算机?你觉得这是为什么?

人工智能
辅助技术　计算机模型
电子学习　导航计算机
交互式视频　多媒体
模拟　超级计算机
虚拟现实　语音发生器

2 数字素养:计算机与学习

31

2.1 使用计算机学习

本课中

你将学习：

▶ 在你学习的所有科目中，计算机是如何帮助你学习和发现信息的。

你已经知道了什么

这里回顾一些你已经学会的技能。

你已经知道怎样完成以下操作。

- **确定在搜索栏中使用的关键词**

思考你想要找到答案的问题。把你的问题写下来，在关键词下面画下画线。这将帮你确定你的网页搜索栏中必须包含的内容。

- **使用适合年龄的网页浏览器**

使用像Kiddle这样的浏览器会显示符合你年龄的信息。它会过滤掉广告。

- **使用特殊的搜索词和字符**

你可以在网页浏览器中使用特殊字符来简化搜索。例如，可以使用–（减号）从搜索中排除术语。

- **对你找到的信息的可靠性进行核查**

在第5册中，你学到了检查信息来源的重要性。你能辨别是谁写的信息吗？发布信息的网站是否有良好的信誉？你能在另一个网站上对信息中的关键问题进行核实吗？

- **使用书签**

书签可以确保你在需要的时候再次找到有用的网站。

螺旋回顾

计算机不仅仅用于计算机课程。你可以用计算机帮助你学习其他任何科目。

你已经学会了一些对你学习有帮助的技能。你已经学会了：

- 查找信息，帮你充分利用网页信息；
- 使用文字处理、电子表格和演示软件展示信息。

在第5册中，你学习了如何使用网页浏览器在网页上查找信息。你在搜索字符串方面所获得的技能应该有助于你学习其他学科（例如地理和历史）。

- **对别人的工作给予注明**

如果你使用的内容属于其他人，则应该始终注明该内容的来源。

现在你已经可以开始发挥这些技能了，可以使用网络改进你所学的所有学科的学习状况。

🛠️ **活动**

除计算机以外，选择你现在正在学习的其他两个科目。对于每个科目选择一个你正在学习或最近学习过的主题，去找一两个可以为这些主题提供有用信息的网站。

与一小群同学分享这些网站。你的团队中有人推荐过其他你认为有用的网站吗？

展示你的工作

思考你在使用应用软件时所开发的技能。你已经使用了文字处理程序、电子表格和演示软件，也使用了图形软件来制作图像。所有这些技巧对于你所学的任何学科都是很有用的。

你可以使用应用软件完成以下事情：

- 记重要的课程笔记；

- 完成任务和家庭作业；

- 制作海报；

- 做汇报；

- 添加图像来说明你的工作。

🔍 **探索更多**

用文字处理程序代替手写有什么好处？

你的父母在工作/家中使用文字处理程序而非手写的次数是多少？与他们讨论使用文字处理程序的优缺点。

2 数字素养：计算机与学习

学习技术的其他用途

模拟

计算机**模拟**是一个程序，它模仿你在现实生活中看过或体验过的东西。模拟就像你在计算机上玩的游戏。你控制着游戏中的物体，你可以改变它们移动的速度和方向。

你可以更改模拟的工作方式。模拟和游戏都是互动的，这使得模拟成为非常有用的学习工具。

在科学上，模拟可以用于实验。如果可以模拟带有危险化学品的化学实验，学生就没有受伤的风险。在地理学方面，学生通过模拟来探索冰川是如何形成的，或者温室气体排放是如何影响全球变暖的。

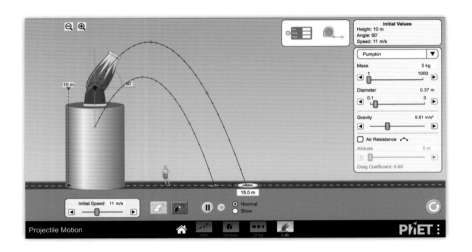

下面是使用模拟的一些优点。

- 它们可以在任何地方进行。

- 实验可以做很多次。

- 它们加快了需要很长时间的进程。

- 不必安装复杂昂贵的设备。

- 它们可以用于那些很难进行真正实验的情形。

活动

在网上搜索计算机模拟。使用一些像"免费的计算机模拟科学初级学校"这样的搜索字符串。

你喜欢模拟吗？为什么喜欢？为什么不喜欢？它使用起来简单吗？

虚拟现实

一些学校已经开始使用**虚拟现实**（VR）头戴设备进行学习。你可能对计算机游戏中的虚拟现实比较熟悉。戴上虚拟现实头戴设备会让你感觉自己身处不同的地方。一个虚拟的世界就在你身边。世界是互动的，就像在一个模拟中一样。

如果你正在学习地理或历史上的一个地方，你阅读了对这个地方的文字描述你可以再看图片或看视频。有了VR头戴设备，你就可以走进这个地方，你可以四处走动并探索这个地方。

辅助技术

辅助技术帮助残疾人学习。

软件可以使屏幕上的文字变得更大、更清晰，从而帮助视力不好的学生。屏幕阅读器为那些视力不好或没有视力的人读出屏幕上的文字。盲文转换器将屏幕上的文本转换成称为盲文的一系列的点。失明的人使用这些盲文进行阅读。

有些学生因为生理缺陷，说话困难。**语音生成器**使用模拟语音将键入的文本转换为语音。此设备会将常使用的短语和单词保存下来。这样就不用重新键入所有内容了。

活动

对于一些肢体残疾的人来说，使用鼠标可能有困难。

在网上搜索，找到3个可以代替鼠标的设备。

额外挑战

从上面的活动中选择其中的一个设备。为所选设备制作一张信息表。其中要包含一张图片，并写一两段话来描述设备的工作原理。

测验

1. 什么是计算机模拟？

2. 举两个例子说明辅助技术如何帮助残疾人。

3. 虚拟现实如何帮助人们学习地理？

4. 模拟如何帮助人们进行学习？

2.2 使用计算机进行探索发现

本课中

你将学习：

▶ 怎样使用计算机来帮助探索发现。

太空探索

"鹰"着陆了

1969年7月20日，阿波罗"鹰"号登月舱首次登陆月球。尼尔·阿姆斯特朗和巴兹·奥尔德林在月球上行走，之后安全返回地球。

阿波罗完成六次登月任务安全返回地球。阿波罗任务成功的一个原因就是阿波罗**导航计算机**（AGC）。

阿波罗导航计算机（AGC）是专门用来引导航天器往返月球的。这是第一台用来指引飞行的计算机。而如今，所有的飞机都使用导航计算机。

与现代计算机相比，AGC具有重量大、速度慢、使用困难等特点。它的重量相当于10台现代的笔记本计算机。汽车卫星导航系统中的计算机芯片比AGC功能强大很多倍。

🔧 活动

有一些模拟阿波罗导航计算机的程序。它们向你展示了计算机的外观以及如何输入指令。

在网上搜索"阿波罗导航计算机模拟器"。它使用的输入和输出设备是什么？它和你用的计算机有什么不同？

火星上的生命

机器人被用来探索行星。2004年1月，两个完全相同的机器人探测器"勇气号"和"机遇号"登陆火星。预计探测器工作90天，但实际"机遇号"工作了15年。

机器人探测器设计用于研究火星上的岩石，就像地质学家研究地球上的岩石一样。

探测器包括：

- 两台充当眼睛的摄像机；

- 一个用来检查岩石的灵活机械臂；

- 一把将岩石敲开的锤子；

- 一些用来分析岩石的仪器；

- 一个用来仔细观察岩石的显微镜。

"勇气号"和"机遇号"并没有在火星上发现生命。但它们确实发现，在远古时期，火星上有水和温泉，可以支撑简单的微生物。

⚙ 活动

看看机器人探测器的照片。它似乎两边各有一个翅膀，但它不会飞。

翅膀是用来做什么的？

预测自然灾害

天气预报

像飓风这样的天气是具有毁灭性和危及生命的。了解天气事件如何形成和移动可以让气象学家去预测哪里将会发生糟糕的天气状况。提早预警糟糕天气能给人们时间做准备，或者对一个地区的人员进行疏散。

天气预报分为两部分。

1. 卫星和雷达记录真实的天气状况。有关天气的数据被输入计算机。

2. 使用算法对天气数据进行处理，这些算法能预测未来几小时和几天内的天气将如何变化。

这使得气象学家能够预测飓风的进程。他们可以在飓风到来前几天给人们一些警示。这些预测与实际发生的情况进行比较。这是为了让气象学家能够发现更多关于风暴行踪的信息。他们更改算法来改进未来的预测。

这项工作使用了一种速度非常快、功能强大的计算机，这种计算机称为**超级计算机**。超级计算机可以很快地处理大量数据。

地震

另一种自然灾害是地震。地球的一部分在移动，直到地表下的岩石破裂。巨大的力量使地球剧烈地震动。建筑物会遭到破坏，有时会导致建筑物坍塌。

研究地震的科学家被称为地震学家。地震学家使用传感器来探测地球的运动。他们使用地球的卫星图像。他们把这些数据输入计算机模型。模型中的算法有利于地震学家发现地震发生的原理。

科学家现在知道地震即将发生，但他们不知道何时发生。他们希望超级计算机能够预测到未来的地震。预测地震将使人们为地震做好准备。这将拯救许多生命。

活动

如果你事先知道你所在的城市将要发生飓风或地震，你能做些什么准备？怎么能给人们警示呢？

医学发现

DNA

在21世纪，对DNA的理解产生了许多重要的医学发现。DNA研究涉及大量数据的数百万次计算，只有使用计算机才能做到这一点。

科学家相信DNA计算机将在未来得到进一步发展。一台由DNA组成的微型计算机将能够穿过人体，去修复因癌症或其他疾病而受损的细胞。

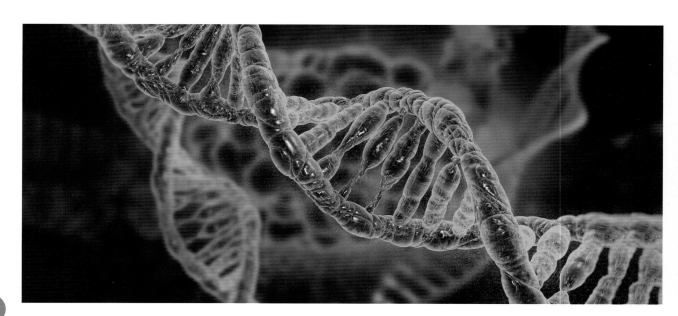

计算机模型与医学

气象学家和地震学家使用**计算机模型**来做出一些发现和预测一些事件。其他科学家也使用模型。医生和医学科学家使用计算机模型的一个用途是预测新疗法对患者的影响。

计算机模型被用来开发新药和其他治疗方法。知道一种新药是否对人体心脏有不良影响是很重要的。计算机模型可以帮助医生找到答案。

动物和人体试验

一些药物被允许使用在人体之前往往会在动物身上进行测试。在新药被使用之前，必须在一小群人身上进行试验，以检测它是否安全。这叫作临床试验。

许多人认为在动物身上试验新药是残忍的。临床试验通常是安全的，但对相关人员来说也可能是危险的。医生想开发更多的计算机模型，这样他们就可以用计算机来测试药物。有些药物已经不用动物进行试验了。

⚙️ **活动**

为什么你认为使用计算机了解和预测自然灾害很重要？给出三个理由。

▶️ **额外挑战**

你认为在动物身上试验药物是正确的吗？你会信任只用计算机测试过的药吗？

列出仅仅使用计算机检测药物的优缺点。

✅ **测验**

1. 气象学家为什么使用计算机？

2. 说出一个使用计算机的重大太空发现。

3. 医学上使用的计算机模型是什么？

4. 说出火星探测器机器人使用的三个设备。你能想到对行星表面进行研究的另一种设备吗？

本课中

你将学习：

▶ 计算机如何用于网络学习。

什么是网络学习

计算机在教育中的一个重要用途是**网络学习**。E-learning中的"E-"代表电子。网络学习在许多方面与课堂学习相似，但它是通过局域网或互联网进行的。

有了网络学习，你可以决定何时何地去学习。尽管通常会有一些固定的提交日期，但网络学习没有时间表。在教室里，材料可以印在纸上，也可以投影在白板上。在网络学习中，所有的学习都是在计算机屏幕上完成的。

谁使用网络学习

一些工作场所经常用网络学习来培训人员，帮助人们获得新的技能，例如信息技术技能。有时人们需要了解新的规则或做事方式，例如，政府通过了一项新法律，这项法律要求从事特定工作的人必须了解。

网络学习从来不是学校的主要学习方式。它可能被老师用来给你提供额外的帮助。网络学习也可以用来给你一些额外的挑战。学生可以在家里使用网络进行额外的学习。

多媒体与网络学习

在教室里，你可以从课本中学习。你的老师也会给你一些信息。有时这些信息会使用黑板展示给全班同学。其他时候，你可以和周围的同学分小组进行学习。你的老师可以播放视频或用投影仪来做演示。

在教室里你可以用很多方法进行学习。网络学习也不例外，有许多用于学习的不同类型的媒体。当不同类型的媒体（如视频和文本）一起使用时，就被称为**多媒体**。

以下是一些用于网络学习的媒体。

- **视频和交互式视频**

视频可以用于演示，例如如何使用软件。它可以用来展示一个动物像什么，同时屏幕上的评论或文字给出有关动物的一些知识。

有时你可以决定视频的播放方式。例如，一个视频片段后面可能跟着一个问题。你看到的下一个片段取决于你对这个问题的回答。你所看到的取决于你的动作。这称为**交互式视频**。

- **演示文稿和音频**

你已经在以前的学习中创建了演示文稿。一些网络学习课程以演示文稿的形式展示。演示文稿在一系列幻灯片上显示信息。音频文件有时用于解释每张幻灯片上的内容。

- **文本和图像**

有些网络学习材料是由简单的文本和图像组成的，就像你教室里的书本一样。文本和图像内容成本低且容易制作。那些不具备制作视频、游戏和模拟所需信息技术技能的教师也能很快创建它。在屏幕上读的书叫作电子书。

- **游戏和模拟**

你必须完成学习挑战才能在网络学习游戏中取得进步。游戏可以让学习变得有趣。

正如我们在2.1课中所看到的，模拟就是真实情况的模型，例如，科学的实验。在一个化学实验的模拟中，如果你提高温度或改变化学物质的数量，就可以安全地看到将会发生什么。

有些学生看视频学得很好，有些学生却更喜欢阅读，或使用模拟。网络学习使用多种媒体类型。这让学生学会使用最适合自己的资源。

⚙ 活动

你喜欢怎样学习？你喜欢看书还是看视频？你认为教育类游戏能帮助你学习吗？

对你来说，老师的讲述和解释有多重要？

测验和任务

当你在学校学习时，你要做测验并参加考试。你要做一些课堂作业并完成家庭作业。

网络学习中也有测验和课堂作业。

测验通常由一些简短的问题组成。对于每个问题，你可以从选项列表中选择一个答案，或者提供简短（一个单词）的答案。这类问题可以由计算机自动进行阅卷。这可以节省时间并实时给出结果。

课堂作业是培训师或教师必须耗时较长才能完成评阅的工作。你用计算机发送你的课堂作业，然后培训师或教师用同样的方式给你反馈分数。

网络课程该如何教授

科技正在改变人们的工作方式。培训师和教师在网络教学中仍然是很重要的，但他们的工作与课堂教学不太一样。

在网络学习中，培训师或教师在以下方面花费的时间更少：

- 给学生授课；

- 给作业打分；

- 与学生面对面交流。

这使他们有更多的时间去做下列工作：

- 帮助学生取得更好的成绩；

- 在线与学生交谈并回复信息；

- 帮助个别学生；

- 创建网络学习媒体。

更多的学习是在屏幕上进行的，因此培训师或教师不会花那么多时间在全班面前授课。这给了他们更多的时间来帮助个别学生。

网络学习的优缺点

优点

以下是网络学习的一些优点。

- 你可以随时随地学习；

- 如果你住在偏远地区，你不用走很远的路也能学习；

- 你可以使用你喜欢的媒体类型；

- 教师有更多的时间帮助个别学生。

缺点

以下是网络学习的几个缺点。

- 有些人喜欢和别人一起上课；

- 如果没有严格的时间表，网络学习可能会很困难。

⏻ 未来的数字公民

科技日新月异。这意味着你需要在你的工作生涯中学习新的技能。网络学习是一种方式，能让你的技能和知识保持最新。

创建网络学习材料是一项将创造性工作与计算技能相结合的工作。这是你将来会考虑的职业吗？

⚙ 活动

为你感兴趣的科目规划一节课。

- 陈述本课的主题；

- 概述你将要包括在课程中的信息；

- 写下一两个你可以问的问题，看看学习者是否理解了多媒体的内容。

▶ 额外挑战

进行在线搜索，找到一个你能在所规划的课中使用的多媒体内容案例。

测验

1. 解释多媒体在网络学习中的意义。

2. 给出三个可用于网络学习的媒体类型示例。

3. 列出如果你的学校使用网络学习，教师的工作会发生变化的三种方式。

4. 描述网络学习可以帮助你学习的三种方式。

本课中

你将学习：

▶ 如何规划网络学习项目。

规划网络学习项目

在本单元的剩余部分，你将以小组形式创建一个简短的网络学习课程。下面有一些建议的主题，但你也可以选择自己的主题。

小组中的每个成员将制作：

● 一节课的幻灯片；

● 一道测试题。

你将使用演示软件制作网络学习内容。本单元中的示例使用微软PowerPoint软件。如果你使用不同的演示软件，你的老师会告诉你你所用的软件和PowerPoint软件之间的区别。

首先，规划你的团队将如何合作。下面是一些你需要考虑的事情。

选择一个主题

由你的团队选择主题。你可以选择在计算机课程中学习过的一些内容或者从另一个学校科目中选择一个主题。

这里有一些关于计算机的想法。

● 网络硬件（第1单元）；

● 计算机与空间探索（见2.2课）；

● 计算机硬件（输入、输出和存储）；

● 网络犯罪（第7册第2单元）；

● 安全上网（第7册第2单元）。

分工

当选择了一个主题后，你要决定如何把它划分成几节课。你需要为小组的每个成员分配一节课。例如，如果你选择了计算机输出设备这个主题，你可以按以下方式划分课程：

- 什么是输出设备；
- 计算机屏幕；
- 打印机；
- 扬声器。

团队的每个成员都需要一个标题。

设计演示文稿

当完成自己的网络学习课程后，你将把它和团队其他成员的课程放在一起。要使最终演示看起来效果很好，每节课都需要保持风格上的一致，这样看起来才会像一个人写了全部的课程。

这里有一些方法可以有助于确保整体风格保持一致。

- 为完成的课程商定一个**主题**。你的演示软件将提供可选择的背景。
- 商定一个用于内容的**模板**。你的演示软件将提供可使用的模板。像下图所示的布局就是可行的。留一些空间用来放置标题和旁边配有文本的图像。

在Design（设计）选项卡中可以选择应用于演示文稿的主题。选择一个白色背景，这样使文章更容易阅读。

如果单击Home（主页）选项卡中Slides（幻灯片）部分的Layout（布局）按钮，你可以看到哪些页面模板是可用的。

你的老师将给你展示一个已完成课程的示例，单击www.oxfordprimary.com/computing网站上的"download resource"可以下载课程模板。

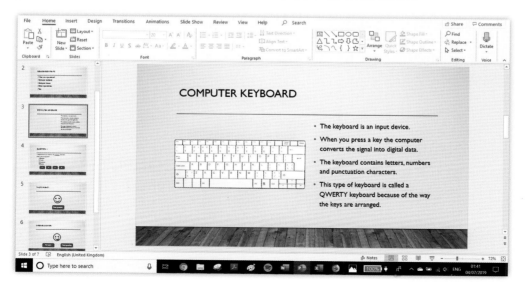

开始你的项目

在2.5课中,你将创建单独的网络学习幻灯片。

你将完成网络学习课程的标题幻灯片和内容页。

添加标题幻灯片

要添加标题幻灯片,请在演示软件中打开一个新的空白演示文稿。

空白的标题幻灯片页应该是自动插入的。如果没有,请添加标题幻灯片。

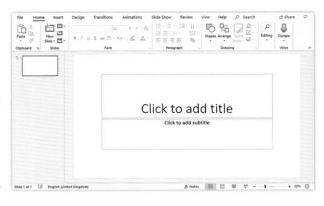

1. 给你的演示加一个标题

添加标题和引用标注

现在,你将为你的网络学习课程添加一个标题和引用标注。

为你的演示商定一个合适的标题。标题要对你的网络学习课程内容进行描述。标题长度不能太长。

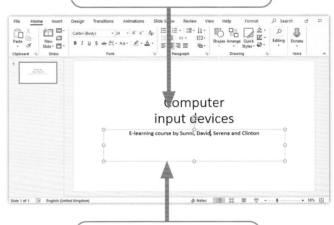

2. 添加团队成员的名字

选择一个主题

在你的演示中加入一个主题会让它看起来更专业。你选择的主题会出现在每张幻灯片上,所以在你做出最终选择之前,先尝试一些背景设计。选择一个在幻灯片中心留出足够空间的主题。白色的背景会使你的文字更容易阅读。

1. 选择演示软件中的Design(设计)选项卡

2. 浏览Themes(主题)菜单,并选择一个主题

添加内容幻灯片

为你的网络学习课程制作内容幻灯片。内容页会告诉学生，他们在课程中会学到什么。

内容幻灯片应列出你的团队成员将要创建的课程的标题。

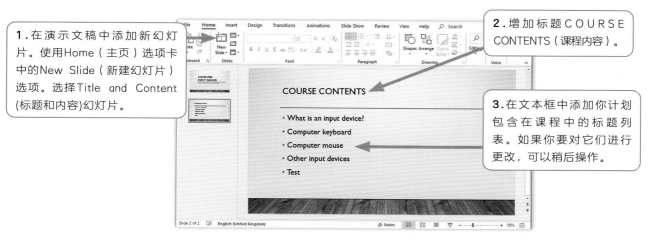

1. 在演示文稿中添加新幻灯片。使用Home（主页）选项卡中的New Slide（新建幻灯片）选项。选择Title and Content(标题和内容)幻灯片。

2. 增加标题COURSE CONTENTS（课程内容）。

3. 在文本框中添加你计划包含在课程中的标题列表。如果你要对它们进行更改，可以稍后操作。

保存你的工作。你将在下一课中再次使用这个演示文稿。

当你团队中的每个成员都完成了幻灯片后，你需要将它们全部集成到一个演示文稿中。讨论一下，你的团队将如何做到这一点。

 活动

为你计划的网络学习课程制作标题页和内容页幻灯片。

额外挑战

在标题页中添加图像。选择与你的演示文稿相关的图像。你可以使用Insert（插入）选项卡中的Online Pictures（联机图片）选项选择图像。

 **测验**

1. 为什么你的网络学习课程需要标题幻灯片？

2. 如何在演示文稿中添加新幻灯片？

3. 给出为演示文稿选择主题的理由。

4. 你将如何为你的网络学习课程开展研究？

2.5 创建网络学习幻灯片

本课中

你将学习：

▶ 使用演示数据包创建课程。

在上一课中，你的团队商定了网络学习课程的主题。小组的每个成员都同意为网络学习课程制作一张幻灯片。

在本课中你将创建课程幻灯片。在你打开演示软件之前，为你的课程做一些计划和相关的研究。

 活动

写下网络学习课程的标题。

在下面写下你的课程名。

研究内容

在网上做研究之前，写下你已经了解到的关于课程主题的内容。

螺旋回顾

在第5册中，你学习了如何使用关键字在网上搜索信息。这里回顾一些使用关键词的原则。

确保你能够理解需要回答的问题。在搜索引擎中输入文字之前，应先进行下列操作：

● 列一个关键词列表。

● 最重要的关键词画下线。

● 确保你在搜索引擎中键入的问题包含重要的关键字。你的问题不需要包括标点符号或简短的连接词，如"是"和"the"。

 活动

列出你已经知道的关于课程主题的一些要点。

将它们添加到你在上一个活动中写的课程标题下。

写下你所知道的，然后开始做一些相关的研究。可能还会有一些其他你想在这节课中包含的信息。

搜索网页

在决定课程要包含什么内容之前，先上网搜索。

探索以下信息：

- 新的信息。你的搜索可能会发现一些你忘记列入清单的信息和一些你不知道的信息。

- 一幅图像来阐释你的课程。本课中目前使用的图像（计算机键盘）不是很有帮助。在这种情况下，选用一张按键名称更清晰的键盘图片可能更好。

记住，在把你在网上找到的信息添加到课程之前，要核实一下。核查信息的一种方法是看你是否能在另一个网站上找到相同的信息。

请记住，在你的演示文稿中，你需要为你选择的图像注明出处。记下你采用图像的网站。你可以使用相关信息注明这幅图像的出处。

⚙ **活动**

在网上搜索关于课程主题的一些信息。选择两三条，将它们添加到在先前活动中创建的列表中。

在网页上搜索可以在课程中使用的图像并保存。

如果你找到不止一幅好的图像，将它们都保存下来。之后你可以决定使用哪个。

创建幻灯片

当你收集全部的课程信息后，把它复制到幻灯片上。记住团队合作，以确保所有的幻灯片看起来是一致的。

1．打开文稿演示软件。

2．新建新幻灯片，选择模板。本课中的示例使用名为Two Content的模板。模板为标题留有空间，标题下面是两个内容框。将文本添加在右侧内容框中，在左侧内容框中添加图像。

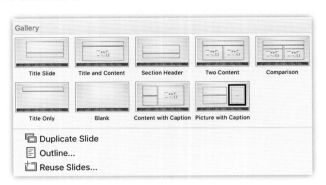

3．将与团队达成一致的主题添加到其中，然后你可以看到内容的外观。页面已经准备好，你可以输入内容。

4．单击标题框，键入课程的标题。在我们的示例中，标题是Computer keyboard（计算机键盘）。

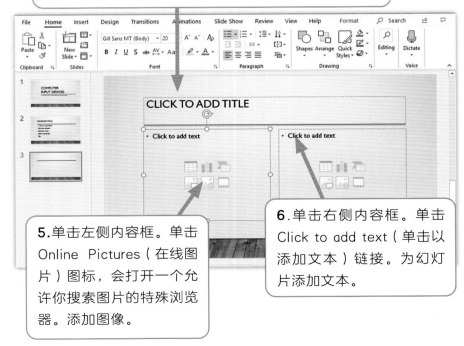

5．单击左侧内容框。单击Online Pictures（在线图片）图标，会打开一个允许你搜索图片的特殊浏览器。添加图像。

6．单击右侧内容框。单击Click to add text（单击以添加文本）链接。为幻灯片添加文本。

7．保存文件。

完成后的幻灯片如下图所示。

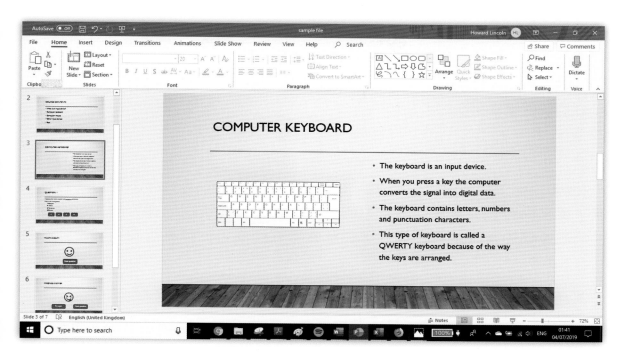

利用你收集到的信息制作一张包含文字和图像的幻灯片。使用本示例中所演示的布局方式。

与小组中的其他学生一起制作演示文稿，其中包括你制作的所有幻灯片。

浏览整个演示文稿。说出在演示文稿中，你最喜欢的幻灯片的内容。最后，想想是否有什么方法对演示文稿进行改进。如果你有时间，做出一些改变。

1. 为什么在进行网络搜索之前确定关键词很重要？

2. 演示软件中使用的模板是什么？

3. 为什么需要为你从网站上下载的图片或内容标明出处？

4. 为什么在使用之前核查你在网上找到的信息很重要？

2 数字素养：计算机与学习

本课中

你将学习：

▶ 如何在你的网络学习课程中添加测验题。

制作测验

在2.3课中，你了解到网络学习课程通常会包含测验。这样学生就可以检查他们是否理解了课程内容。大多数网络学习的测验都是由计算机自动评分的。这意味着你可以很快知道你的答案是否正确。这也意味着教师或培训师不需要在阅卷上花费时间。

单项选择题

你要写的测验题叫作选择题。每个单项选择题都有超过一个选项可以选择（通常是4个），其中只有一个答案是正确的。下面是一个例子。

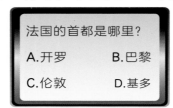

> 法国的首都是哪里？
>
> A.开罗　　　B.巴黎
>
> C.伦敦　　　D.基多

答案是B.巴黎。

单项选择题只有一个正确答案。像这样简单的问题，计算机很容易批改。如果答案是B，那就是正确的。其他答案都不正确。

出一道例题

现在你要做一个测验，看看学生是否理解了你课上的信息。

小组合作去做只有一个问题的测验。它可以是关于你的网络学习演示文稿中的任何主题。学生必须能够根据陈述中的信息回答问题。

示例课程是关于计算机键盘的。右面是一个测验问题的例子。在本例中，问题考查课程中第三个要点。

问题 1	
键盘有字母、数字和_____字符。 A.计算机 B.印刷 C.标点符号 D.卡通	

活动

添加新幻灯片。选择Title and Content（标题和内容）幻灯片。

键入"问题1"。这是幻灯片的标题。

键入"键盘有字母、数字和_____字符。"

添加4个选项，如示例中所示：A.计算机，B.印刷，C.标点符号和D.卡通。

添加回答按钮

写下你的问题后，你必须提供一种方式让学生提交他们的答案。你将添加按钮供学生单击。

> **问题1**
>
> 键盘有字母、数字和____字符。
> A. 计算机
> B. 印刷
> C. 标点符号
> D. 卡通
>
> A   B   C   D

活动

选择Insert（插入）选项卡并单击Shapes（形状）。

从Shapes（形状）菜单中选择一个矩形。在你的问题下面画一个矩形。

复制第一个矩形并粘贴3次。这样你会得到4个同样大小的按钮。在方框上键入字母A、B、C、D。

使按钮工作

现在制作了一个带按钮的问题幻灯片，让学生给出答案。

现在，你将为每个按钮添加操作，以使其工作。

幻灯片包含表情符号（显示面部表情的图标）。如果要在幻灯片中添加表情符号，请单击Insert（插入）选项卡中的Icons（图标）。表情符号在"脸"下面。

活动

首先，在演示文稿中添加3张幻灯片。按以下顺序添加：

1．一张标题为THAT'S RIGHT！的幻灯片，一个标签为Next question的按钮。

2．一张标题为WRONG ANSWER的幻灯片和两个标为Try again和Next question的按钮。

3．一张标题为Question 2的幻灯片。此页不需要任何其他内容。

添加链接

现在你可以添加链接，来告诉学生他们的答案是否正确。

回到你之前制作的QUESTION 1幻灯片。

活动

右击标有A的按钮。按钮周围应出现一个框。屏幕上将会出现一个菜单。

单击Link（链接），你会在菜单中找到Link菜单项。

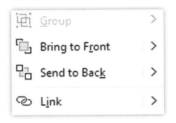

在你的计算机屏幕上将显示一个对话框，如右图所示。左边有一个按钮Place in This Document。单击该按钮，幻灯片列表将显示在按钮的右侧。

选择你想让按钮A链接到的那张幻灯片。答案A是错误答案，所以你应该选择wrong answer幻灯片。

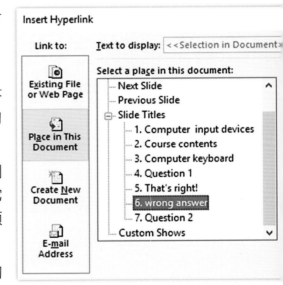

单击Question 1幻灯片上的按钮A，现在应转到wrong answer幻灯片。通过运行演示文稿来测试它的操作过程（单击Slide Show（幻灯片放映）选项卡中的From Beginning（从头开始）链接）。

一旦链接起作用，请将链接添加到Question幻灯片中的其他按钮。下表列举了需要做的链接。

幻灯片标题	按　　钮	链接到的幻灯片
Question 1	C和D	Wrong answer
Question 2	B	That's right!
That's right!	Next question	Question 2
Wrong answer	Next question	Question 2
Wrong answer	Try again	Question 1

其他问题类型

在本课中，你已经创建了一个单项选择题及其答案。

你可以在测试题中使用其他类型的问题。

这里有一些建议。

以下哪个是输入设备？单击正确答案。

- True/False（真/假）。你可以给出一个陈述，例如"打印机是一个输入设备"，然后让学生说出这个陈述是真是假。这是一种选择题，但只有两个选项。

- 用图片代替文字作为备选答案。右上方的图片是一个例子。

图片问题不需要按钮。你可以添加图片的链接。使用与A、B、C和D按钮相同的方法。

活动

本课向你展示怎样基于"计算机键盘"这一示例来出一份测验题。分小组合作，设计一个与你的网络学习课相匹配的测验题。

额外挑战

在演示文稿的末尾添加更多问题。你可以在一个小组中完成这项工作，或者每个人都制作自己的幻灯片，然后将所有幻灯片复制到小组文件中。

测验

1. 如何放映幻灯片？你的屏幕上发生了什么？

2. 在单项选择题中能有多少个正确答案？

3. 阐述演示幻灯片中的链接是如何工作的。举例说明如何使用链接。

4. 概述你可以使用的三种测验题类型。为什么要使用不同类型的测验题？

你已经学习了：

▶ 计算机如何帮助人们学习；

▶ 如何利用计算机进行发现；

▶ 如何利用在线研究帮助完成一个项目。

尝试测试和活动。它们会帮你看看你理解了多少。

测试

① 概述两种使用计算机学习和发现科学或地理等学科知识的方法。

② 确定两种可以用计算机研究的自然灾害。

③ 描述计算机在太空探索中的应用。

④ 给出使用模拟学习的两个优点。

⑤ 描述辅助技术如何帮助残疾人学习。

⑥ 描述如何利用技术来发现飓风等自然事件是如何发生的。这些发现如何使人们受益？

在2.4课~2.6课中，你在小组合作中创建了一个简短的网络学习课程。回想一下那个任务，完成下面的活动。

1．至少给出两个当你在网上为网络学习课程进行调研时找到的信息或内容的例子。

2．列出你在课上使用的内容。你在哪里找到的这些信息？给出你选择这些内容的原因。在你找到的信息中，列出一项你决定不在课程中使用的内容。你为什么不使用它？

3．描述一些演示功能，这些功能使你的网络学习变得更高效。

自我评估

- 我回答了测试题1和测试题2。

- 我完成了活动1。

- 我回答了测试题1~测试题4。

- 我完成了活动1和活动2。

- 我回答了所有的测试题。

- 我完成了所有的活动。

重读单元中你不确定的部分。再次尝试测试题和活动，这次你能做得更多吗？

2
数字素养：计算机与学习

③ 计算思维：Team Manager 程序

你将学习：

▶ 如何将一系列项目以列表的形式进行存储；

▶ 如何对列表中的项目进行添加、删除和编辑；

▶ 在浏览列表时，如何查看其中的每个值；

▶ 如何制作一个菜单界面来帮助用户；

▶ 如何阻止错误输入来防止程序崩溃。

在本单元中，你将用Python编写一个程序。这个程序可以用来管理一个团队或群体。例如，管理者可能是团队教练、管弦乐队领队或教师。这个程序将帮助管理者列出一份团队名单。他们将能够添加姓名，更改姓名，或从列表中删除姓名。他们能够打印出列表。

你将设计一个选择菜单，来帮助用户使用这个程序进行工作。你将添加输入检查，这样用户就不会用错误的输入使程序崩溃。

🔌 不插电活动

假设你是一个团队的管理者。挑选你喜欢的团队，它不一定是一支运动队，例如，你可以管理一群演员、一个马术俱乐部或合唱团。

在纸上设计一个手机应用程序（App）的界面，你可以用它来帮助你完成作为管理者的工作。你的界面可以包含以下元素：

- 图片
- 菜单
- 地图
- 文本
- 按钮

包含你认为有用的任何元素。

学习成果：编写一个用来处理数据结构的程序（例如列表）。

把信息列入清单有助于人们阅读和记忆。清单中的顺序也很重要！

1 人们倾向于认为列表中的第一个信息是最重要的。

2 清单上第一个信息给人留下的印象要比其他的信息更深。

3 这被称为"首因效应"。

4 对首因效应进行研究，以进一步了解。

5 下次阅读清单时要注意首因效应。

谈一谈

在本单元中，你将列出一个简单的名字列表。在现实生活中，管理者除了存储姓名外，还会存储许多其他信息。你的学校储存了什么关于你的信息？还有其他什么机构会有关于你的信息？

列表
元素　追加　索引编号
越界错误　健壮程序
验证　数据结构
遍历　停止值　界面
嵌套

本课中

你将学习:

▶ 如何将一系列值存储为列表变量。

螺旋回顾

在第7册中,你学习了用Python编写对用户友好且可读的程序。你学会了使用变量,学会了用输入和输出来编写程序。你学会了用for循环和while循环。在编写Team manager程序时,你将使用这些Python技巧。所有这些技巧和命令对本课都很重要。如果你不记得这些Python命令,请回顾你第7册的学习。

变量和列表

你已经学习了,变量是一个命名的存储区域。变量存储一个值或一段数据。下面是两个为变量赋值的Python命令:

```
number=5

colour="red"
```

列表是一种特殊的变量。一个列表可以存储多个不同的数据项。列表显示在方括号内。

一家计算机公司出售各种颜色的设备。下面的Python命令将列出这些颜色。该列表称为colourlist.

```
colourlist=["red", "yellow", "blue",
"green"]
```

列表中的项称为**元素**。这个列表有4个元素。元素之间用逗号分隔。

如果列表很长,它可以占用多行程序。

```
colourlist = ["red", "blue", "green", "orange", "purple",
           "pink", "brown", "teal", "scarlet", "grey",
           "crimson", "mauve", "magenta", "amber", "black"]
print(colourlist)
```

附加元素

附加的意思是"添加到末尾"。可以将项附加到列表中。这意味着一个新的项目将被添加到列表中。下面命令将在colourlist中附加"orange"。

```
colourlist.append("orange")
```

附加用户输入

你可以从用户处获取输入,并将该值附加到列表中。

```
colour=input("Enter a colour")
colourlist.append(colour)
```

记住输入的命令应该对用户友好。你在第7册中已经了解了这一点。一个输入命令应该包括一个清晰的提示。在本例中，即"Enter a colour"。在输入提示末尾的引号内加一个空格，这是一个很好的做法。这意味着在提示文本和用户键入的输入之间有一个空格。

打印列表

你可以像打印任何其他变量一样打印列表。

```
print(colourlist)
```

此命令将打印整个列表，包括括号和逗号。

完成的程序

右边是完整的程序。它结合了迄今为止显示的所有命令。

```
colourlist = ["red","yellow","blue","green"]
colourlist.append("orange")
colour = input("Enter a colour ")
colourlist.append(colour)
print(colourlist)
```

Team Manager程序

一个足球经理想用Python来记录他的球队成员选择。下面是一个生成列表的命令。teamlist为空，没有任何元素。

```
teamlist=[]
```

下面命令将把Jamie添加到teamlist中。

```
teamlist.append("Jamie")
```

或者你可以从用户处获取输入并将该输入值添加到列表中。

```
name=input("Enter a name ")
```

```
teamlist.append(name)
```

 活动

1. 制作并运行本课所示的colourlist程序。

2. 制作并运行一个程序：

   a. 创建一个名为teamlist的空列表

   b. 从用户处得到一个名字

   c. 将名称附加到列表中

   d. 打印这个列表

使用循环附加元素

你制作的程序会向列表中添加元素。程序能完成下列操作：

- 使用一个输入指令从用户处获取一个值；

- 将该值附加到列表中。

通常你想要添加多个元素。循环就是重复命令的程序结构。通过使用循环结构，可以向列表中添加多个元素。

Python中有两种类型的循环：

- for循环（计次循环）；

- while循环（条件循环）。

使用for循环

for循环由计数器控制。它是一个由计数器控制的循环结构。在第7册中你学会了使用计数器控制循环。大多数程序员把计数器命名为i。如果你将计数器命名为另外一个名称，程序将仍然工作。但使用i会让你的程序更具可读性。

当你编写程序时，你要设置循环将会重复的次数。如果你确切地知道要向列表中添加多少元素，那么可以使用for循环。

下面是一个例子。

```
colourlist = []
for i in range(7):
    colour = input("Enter a colour ")
    colourlist.append(colour)
print(colourlist)
```

这个程序正好向colourlist中添加了7个元素。

活动

1. 使用for循环生成并运行colourlist程序。

2. 制作并运行一个程序：

- 创建一个名为teamlist的空列表；

- 使用for循环向列表中追加11个名称；

- 打印列表。

使用while循环

一个while循环由一个逻辑判断控制。这是一个条件控制循环。当编写程序时，你设置了一个逻辑判断。当判断为False时，循环将停止。如果不知道要向列表中添加多少元素，可以使用while循环。

下面是一个例子。此程序将元素添加到colourlist。这个循环由一个问题控制：

Do you want to add another? (Y/N)

如果用户键入"Y"，循环将重复。如果他们键入其他内容，循环将停止。

```
colourlist = []
repeat = "Y"
while repeat == "Y":
  colour = input("Enter a colour ")
  colourlist.append(colour)
  repeat = input("Do you want to add another? (Y/N) ")
print(colourlist)
```

活动

1. 使用while循环生成并运行colourlist程序。

2. 制作并运行一个程序：

- 创建一个名为teamlist的空列表；

- 使用while循环将名称附加到列表；

- 打印列表。

测验

此命令创建一个列表：

```
trees = ["oak","beech","willow"]
```

1. 此列表中有多少元素？

2. 编写命令，将值sycamore附加到列表。

3. 编写命令，以获取用户输入，并将其添加到列表中。

4. 你希望用户向列表中添加元素，但不确定有多少元素。你会用什么样的循环？

额外挑战

在本课中，你编写了两个使用循环的程序。其中一个程序使用for循环。for循环会重复一定次数。你将数字设置为11，这样程序就会把11个名字添加到列表。

现在制作一个程序：

- 询问用户添加名字的数量；

- 循环执行该次数。

本课中

你将学习：

▶ 如何使用索引号标识列表元素；

▶ 如何打印、编辑和删除列表元素。

列出元素

你已经知道了一个列表是由一系列元素组成的。

一个学生生成了goals列表。它有三个要素。

```
goals = ["pass exams","help in shop", "buy trainers"]
```

你可以选择任何适合你的目标。

元素之间用逗号分隔。每个元素都存储一个值或一段数据。列表中的每个元素都有自己的名称。

索引编号

一个元素的名称由两部分组成：

- 列表的名称；

- 元素在列表中的位置。

列表编号从0开始。列表中的第一个元素记为goals[0].下一个元素记为goals[1]，以此类推。

方括号中的数字称为索引号。索引号告诉你列表中元素所在的位置。

打印元素

列表中的每个元素本身就是一个变量。你可以打印整个列表，也可以打印单独的一个元素。

```
goals = ["pass exams","help in shop","buy trainers"]
print(goals)
print(goals[0])
```

你可以在Python Shell中尝试这些命令，或者将它们生成一个程序,并运行该程序。你可以将你喜欢的任意目标都包含在内。

选择要打印的元素

上面的程序打印了索引号为0的元素。你可以对程序进行更改，以便用户决定打印哪些元素。

```
goals = ["pass exams","help in shop","buy trainers"]
i = input("which goal do you want to print? ")
i = int(i)
print(goals[i])
```

右面是这个程序输出的一个例子。

```
which goal do you want to print? 2
buy trainers
```

编辑列表元素

记住，编辑意味着对一些内容进行更改。你可以更改列表的单个元素。你可以给它一个新的值。下面的程序将列表的最后一个元素更改为"buy a bicycle"。

```
goals = ["pass exams","help in shop","buy trainers"]
print(goals)
goals[2] = "buy a bicycle"
print(goals)
```

此程序将列表的最后一个元素更改为用户输入的一个值。

```
goals = ["pass exams","help in shop","buy trainers"]
print(goals)
goals[2] = input("enter a new goal ")
print(goals)
```

在Shell中可以作为程序尝试一下这些命令。

选择要编辑的元素

上面的程序要编辑索引号为2的元素。你可以对程序进行更改，以便用户决定要编辑哪个元素。

```
goals = ["pass exams","help in shop","buy trainers"]
print(goals)
i = input("which goal do you want to change? ")
i = int(i)
goals[i] = input("enter a new goal ")
print(goals)
```

下面是这个程序的一个例子，在Python Shell中运行。

```
['pass exams', 'help in shop', 'buy trainers']
which goal do you want to change? 0
enter a new goal learn to drive
['learn to drive', 'help in shop', 'buy trainers']
```

Python Shell总是在字符串的开头和结尾使用单引号。

删除一个元素

你可以从列表中删除元素。删除命令是del。下面的程序删除元素0。

```
goals = ["pass exams","help in shop","buy trainers"]
print(goals)
del goals[0]
print(goals)
```

在Shell或程序中尝试这些命令。

选择要删除的元素

此程序删除索引号为0的元素。你可以更改程序来使用户选择要删除的元素。

```
goals = ["pass exams","help in shop","buy trainers"]
print(goals)
i = input("which goal do you want to delete? ")
i = int(i)
del goals[i]
print(goals)
```

示例程序

这里是一个完整的Python程序。它允许用户创建和编辑goals列表。它结合了你在3.1课和3.2课中学习的命令。

```
goals = []

#append values
for i in range(5):
    new = input("add a new goal to the list ")
    goals.append(new)

#edit an item
print(goals)
i = input("which goal do you want to change? ")
i = int(i)
goals[i] = input("enter a new goal")
print(goals)

#delete an item
i = input("which goal do you want to delete? ")
i = int(i)
del goals[i]
print(goals)
```

该程序包括注释。注释以#开头。计算机会忽略这些注释。它们是用来帮助读者理解程序的。

⚙️ 活动

1. 制作并运行一个程序来创建和编辑goals列表。

2. 制作并运行程序：

- 创建一个包含11个名字的teamlist列表（使用你知道的任何方法）；

- 允许用户在teamlist列表中编辑和删除名字。

➡️ 额外挑战

修改你编写的程序来处理teamlist列表。使用while循环，重复执行编辑和删除命令。

✅ 测验

下面命令创建一个列表：

```
trees = ["oak","beech","willow"]
```

1. 元素0的值是多少？

2. 给出用来删除元素2的命令。

3. 给出命令，将元素1改为eucalyptus。

4. 用户输入命令：

```
trees[6] = "pine"
```

运行产生错误。解释其原因。

⏻ 未来的数字公民

在本课中，你使用名单列表编写了一个程序。你可能使用了化名，或者你认识的人的名字。许多计算机程序会存储真人信息。如果你存储了真实的个人信息，你就必须小心保管。你必须确保这些信息被加密。许多国家都有法律来保护存储在计算机上的个人数据。但即使在没有这些法律的国家，程序员也有责任谨慎对待个人数据。

本课中

你将学习：

▶ 如何识别、避免和修复越界错误；

▶ 如何阻止程序的错误输入。

螺旋回顾

第7册中你学习了输入验证。输入验证可以阻止错误输入。在本课中，你将编写代码阻止对程序的错误输入。

使用索引号

你可以打印、编辑或删除列表中的单个元素。为此，你必须提供元素的索引号。

索引号可以被包含在代码中。下面是一个例子。

```
colourlist = ["red","yellow","blue","green"]
print(colourlist[2])
```

也可以由用户输入索引号。下面是一个例子。

```
colourlist = ["red","yellow","blue","green"]
i = input("which colour do you choose? ")
i = int(i)
print(colourlist[i])
```

但只有一些数字能起作用。例如，如果列表有4项，它们的编号从0到3。如果你给出的索引号大于3，则此程序将会崩溃。例如，这个用户键入了数字7，而这里没有编号为7的元素，因此将出现如下一条错误消息。

```
which colour do you choose? 7
Traceback (most recent call last):
  File "C:/Users/Alison/Documents/Python/temp.py", line 4, in <module>
    print(colourlist[i])
IndexError: list index out of range
```

这种类型的错误称为**越界错误**。在本课中，你将会看到如何去避免和修复越界错误。

列表的长度

Python函数len()将告诉你字符串或列表的长度。

在Python Shell中键入：

len("hello")

你将看到整数5，因为字符串"hello"有5个字符。

现在在Python Shell中使用这些指令。

```
colourlist = ["red","yellow","blue","green"]
listlength = len(colourlist)
print(listlength)
```

你应该看到整数4，因为colourlist有4个元素。

想想如何使用这些信息来阻止用户犯越界错误。

什么数字是允许用使用的

如果我们知道列表的长度，就知道哪些数字可以使用。数字的取值范围是从0到列表中的元素数减1。

下面是一些例子。

- 如果一个列表有10个元素，索引号为0~9。

- 如果一个列表有100个元素，索引号为0~99。

我们可以制作一个程序来打印这些信息。

```
colourlist = ["red","yellow","blue","green"]
final_value = len(colourlist) - 1
print("index numbers go from 0 to ", final_value)
```

在Python Shell中或作为程序来尝试这些命令。

帮助信息

减少错误的一种方法是向用户提供帮助信息。有了帮助信息，用户就知道要键入什么内容了。

右上图中的消息没有帮助，用户很容易犯错误。

```
you can print one colour from the list
which colour do you choose?
```

右下图中是一个程序的输出，这个程序确实有一条帮助信息。该信息告诉用户可以输入哪些数字。

```
you can print one colour
index numbers go from 0 to 3
which number do you choose?
```

这个程序的用户犯错误的可能性要小很多。

设计帮助信息

记住要对用户友好。在本例中，帮助信息应该告诉用户允许输入的值的范围。

⚙ **活动**

1. 制作并运行一个程序，从colourlist中打印一项，包含对用户有用的提示。

2. 在上一课中，你制作了一个或多个程序来创建和编辑列表。打开上节课你所做的任意一个程序。添加有用的提示，以确保用户输入正确。

验证

如果用户仍然犯错误怎么办？程序将崩溃。

不崩溃的程序称为**健壮的程序**。用户可能输入了错误的数据，但是一个健壮的程序将不会崩溃。

为了确保你的程序是健壮的，可以添加一个命令去阻止错误输入。阻止错误输入的检查称为**验证**检查。

if···else

验证的一种方法是使用if···else结构。

- if结构以逻辑判断开始。测试用户输入的数字是否小于列表的长度。

- 如果判断为True，则执行此命令。

- 如果判断为False，则显示错误消息。

下面是一个例子。

```
colourlist = ["red","yellow","blue","green"]
i = input("which colour do you choose? ")
i = int(i)
if i < len(colourlist):
    print(colourlist[i])
else:
    print("out of bounds error")
```

while循环

Python有一个可以替代if···else的循环，即while循环。while循环将请求输入，直到值符合程序的要求。下面是一个例子。

```
colourlist = ["red","yellow","blue","green"]
i = input("which colour do you choose? ")
i = int(i)
while i >= len(colourlist):
    i = input("enter a number ")
    i = int(i)
print(colourlist[i])
```

此程序使用关系运算符>=。此运算符表示"大于或等于"。

如果你输入一个数字，这个数字满足下列条件则会出现越界错误：

- 这个数字大于列表的长度；

- 这个数字等于列表的长度。

记住列表编号从0开始。例如，一个包含4个元素的列表，元素将被编号为0、1、2、3。在包含4个元素的列表中，编号在3处停止。在包含100个元素的列表中，编号在99处停止。

总结：等于列表长度的索引号将导致越界错误。你键入不会导致此错误的值后，程序中的while循环结构将开始运行。

活动

制作并运行本课中演示的使用if…else的示例程序，该程序将阻止对程序的错误输入。

更改你编写的程序，在新程序中使用while循环。

额外挑战

在上一课中，你制作了两个程序来创建和编辑列表。打开任意一个程序，使用if…else来阻止对此程序的错误输入。

调整程序使用while循环而不是if…else。

测验

此命令创建一个列表：

```
trees = ["oak","beech","willow"]
```

1. 这些命令的输出是什么？

```
number = len(trees)
print(number)
```

2. 编写一个打印的命令，告诉用户如何输入有效的索引编号。

3. 编写一个从用户处获取索引号的命令，要包括帮助信息，例如，你为Q2命令提供的信息。

4. 一个程序员想要检查用户的输入是否越界。如果索引号有效，编写一个结果是True的逻辑判断。

探索更多

调查真实软件应用程序的用户界面，其中可以包括你在手机上使用的应用程序，也可以包括你在家里或学校使用的软件。

这里有一些问题要问你自己。

- 有明确的信息吗？

- 你知道你要提供什么信息吗？

- 如果键入错误，可能会使程序崩溃吗？

向家人和朋友询问他们在工作中使用过的软件。研究表明，好的用户界面对于人们是否喜欢使用软件有很大的影响。

对你使用软件的一些经历进行反思将有助于提高你的编程技能。

3 计算思维：Team Manager 程序

本课中

你将学习：

▶ 什么是遍历列表；

▶ 如何遍历列表。

数据结构

列表是一种**数据结构**。数据结构是一种可以保存许多值的变量。在列表数据结构中，不同的值被称为元素。程序经常使用列表和其他数据结构。

这是因为在现实生活中，我们经常需要存储许多数据值。下面是一些例子。

● 微信或微博等社交媒体应用程序希望存储有关所有不同账户的信息。

● 一个企业想存储有关其产品、员工和供应商的信息。

● 团队经理希望存储有关团队成员的信息。

还有很多其他的例子。当我们想存储大量数据值时，数据结构能胜任该工作。有些数据结构可以存储数百万个值。

你已经编写了处理列表的程序。你知道如何附加、删除和编辑列表元素。如果你不确定如何做这些工作，回顾一下之前的课程。

如何遍历列表

现在你将学习如何遍历列表。

遍历数据结构意味着查看数据结构中的每个值。请思考这样做的原因。

- 社交媒体应用可能想要检查每个用户是否一直处于活跃状态。

- 企业可能需要打印库存商品的数量。

- 团队经理可能想给每个团队成员写一封电子邮件。

在本课中，你将遍历一个团队列表，并打印列表中的每个名字。这是展示遍历列表的好方法。记住，现实生活中的程序通常会实现一些比打印更复杂的功能。

For循环

for循环是计数器控制的循环。循环会重复一定次数。当你确切地知道一个循环要重复多少次时，就可以使用计数器控制的循环。

for循环有一个计数器。计数器从0开始。当它达到在循环顶部设置的值时，它就会停止。停止循环的数字称为**停止值**。

在3.1课中，使用for循环将值附加到列表中。下面是一个例子。这个程序正好向colourlist添加了4个值，停止值为4。

```
colourlist = []
for i in range(4):
  colour = input("Enter a colour ")
  colourlist.append(colour)
print(colourlist)
```

使用for循环打印

每次循环重复时，i 的值就增加1。停止值为4的for循环通过以下值计数：

```
i = 0
i = 1
i = 2
i = 3
```

这些值与列表的索引号相同。这使得列表中的所有元素的打印变得很容易。

示例：颜色列表

此命令创建一个包含4个元素的列表。

```
colourlist = ["red","yellow","blue","green"]
```

因为列表有4个元素，所以我们可以使用计数为4的for循环。

```
for i in range(4):
```

每次循环时，我们都打印colourlist的一个元素。

```
print(colourlist[i])
```

i 的值每增加一次的时候，程序将打印列表中的下一个元素。当 i 的值达到4时，循环停止。

你还可以调整此命令，使其将索引编号和颜色一并打印出来。

```
print(i, colourlist[i])
```

这是完成后的程序。

```
colourlist = ["red","yellow","blue","green"]

for i in range(4):
    print(i, colourlist[i])
```

⚙ **活动**

1．制作并运行本课所示的示例colourlist程序，使用for循环遍历列表。

2．制作并运行程序：

- 创建一个名为teamlist的空列表

- 使用for循环向列表中追加11个名称

- 遍历列表，依次打印出每个名称。

错误的停止值

你制作的程序运行良好。当我们编写程序时，知道列表中有多少元素。我们可以用这个数字作为停止值。

但在现实生活中，我们并不总是知道列表的大小。我们可以使用while循环将值附加到列表中，这意味着我们不知道会有多少个值。

列表的大小也可以改变。

- 用户可以将值附加到列表中，这将使列表变大。

- 用户可以从列表中删除值，列表将会变小。

这可能会使程序出错。停止值与列表的大小不匹配，这会有什么后果？

- 如果列表比停止值大，那么循环将提前停止。循环将丢失列表中的一些值。

- 如果列表比停止值小，则循环将会过多，会出现越界错误（请回顾 3.3课）。

查找列表长度

这个问题的解决方法是找到列表的长度。你已经知道做这件事的命令了。将列表长度存储为变量。在这个例子中，我们称之为stop变量。

```
stop = len(colourlist)
```

现在我们可以使用这个变量作为此循环的停止值。

```
colourlist = ["red","yellow","blue","green"]
stop = len(colourlist)
for i in range(stop):
    print(i, colourlist[i])
```

(活动)

制作一个创建颜色列表的程序。

- 使用len（）函数查找停止值。

- 使用for循环遍历列表，打印每个值。

✓ 测验

此命令创建一个列表：

```
trees = ["oak","beech","willow","ash"]
```

1. 我们可以使用for循环遍历这个列表。停止值是多少？

2. 编写一个命令，这个命令将列表的长度指定为一个叫作stop 的变量。

3. 一个用户编写了下面的程序来遍历这个列表。这个程序有什么错误？这个程序会输出什么？

```
trees = ["oak","beech","willow","ash"]
for i in range(3):
    print(trees[i])
```

4. 给出一个在程序运行过程中改变列表大小的原因。

⟶ 额外挑战

制作并运行一个程序：

- 创建一个名为teamlist的空列表；

- 使用while循环将名字附加到列表中；

- 使用for循环遍历列表并打印列表中的每个元素。

本课中

你将学习：

▶ 什么是界面；

▶ 如何制作菜单界面。

什么是程序界面

程序**界面**是程序中处理输入和输出的部分。

- **输入**：界面获取用户输入。用户可以控制程序。

- **输出**：界面显示程序输出。用户可以看到结果和内容。

在前7册中，你使用了Scratch编程语言。Scratch给五彩斑斓的界面提供了图像和声音。Python有一个纯文本界面。

要求

程序界面应具有以下所有特性。它应该：

- 告诉用户程序是什么，它能做什么；

- 让用户做出选择或选择选项；

- 让用户输入信息，应该包括一条帮助信息和验证（参见3.3课）；

- 显示结果或答案；

- 让用户关闭程序。

在本课中，你将为Team Manager程序创建一个菜单界面。

创建Team Manager的界面

新建一个Python程序文件，从创建一个新的空团队列表命令开始。

```
teamlist = []
```

现在，你将创建一个界面，让团队经理去处理团队列表。

程序简介

首先，制作符合此要求的界面部分：

"告诉用户程序是什么，它能做什么。"

这个程序是针对一个团队（例如足球队或音乐小组）的经理。此程序可以让他们管理成员名单。

下面是执行此操作的命令。你愿意的话可以更改一些字符。

```
teamlist = []
print("T E A M   M A N A G E R")
print("=====================")
print("This program will help you manage your team.")
print("\n")
```

最后一个命令打印"\n"，它代表"新行"，在你的程序中输出一个空行。

选择菜单

现在，你将添加一些命令以满足下一个需求：

"让用户做出选择或选择选项。"

第一个版本的菜单只有三个选项（A、B和X）。右图是菜单设计。

```
T E A M   M A N A G E R
=========================
This program will help you manage your team.

A: Append a value
B: Print the team list
X: Exit the program
```

将打印命令添加到程序中，将选项A、B和X打印出来，以及在此处看到的一些单词。你的目标是在运行程序时让此菜单出现在面前。你可以改变文字或者布局。

获取用户输入

菜单出现后，用户将进行选择。下面的命令将从用户处获取输入并将其存储到变量choice中。

```
choice = input("Enter your choice: ")
```

运行程序，你就会看到菜单。记住，菜单选项还没有起作用。

```
teamlist = []
print("T E A M   M A N A G E R")
print("=====================")
print("This program will help you manage your team.")
print("\n")
print("A: Append a value")
print("B: Print the team list")
print("X: Exit the program")
choice = input("Enter your choice: ")
```

活动

启动一个新的Python程序。

使用一系列打印命令去创建和显示Team Manager程序界面。

使用输入命令来获取用户选择。

循环重复

团队经理可能想要做许多不同的操作。因此，你将使用循环来重复此菜单。但是记住如下需求：

"让用户关闭程序。"

当团队经理使用完菜单后，你必须有一些方法使程序停止。

你不知道经理到底要看多少次菜单。这意味着你必须使用条件循环（while循环）。菜单将会一直重复，直到用户输入选项X。

什么会出错

一个班级编写了Team Manager程序。当他们完成程序时，程序出了问题。在本课中，我们将看他们犯的错误。

芭芭拉的错误

芭芭拉在while循环开始时输入了如下代码，程序没有正常工作。

```
teamlist = []
choice == "X"
while choice == "X":
    print("T E A M  M A N A G E R")
    print("=======================")
    print("This program will help you manage your team.")
    print("\n")
    print("A: Append a value")
    print("B: Print the team list")
    print("X: Exit the program")
    choice = input("Enter your choice: ")
```

芭芭拉的程序不工作，是因为她使用了这个逻辑判断：

choice == "X"

运算符==表示"等于"。当用户输入值X时，循环将重复。但我们想要相反的结果。我们希望循环在用户输入的值不是X的时候重复。"不等于"的符号是：

!=

芭芭拉不得不把循环的第一行改成：

while choice != "X":

如果choice未设置为"X"，则循环将重复。

瑞欧的错误

瑞欧输入了如下代码。

```
teamlist = []
while choice != "X":
    print("T E A M  M A N A G E R")
    print("=======================")
    print("This program will help you manage your team.")
    print("\n")
    print("A: Append a value")
    print("B: Print the team list")
    print("X: Exit the program")
    choice = input("Enter your choice: ")
```

程序崩溃了。瑞欧看到了这个错误信息。

```
Traceback (most recent call last):
  File "C:/Python/rio.py", line 2, in <module>
    while choice != "X":
NameError: name 'choice' is not defined
```

瑞欧的程序崩溃是因为while循环使用了choice变量。但choice变量尚未被给定一个值。在while循环之前，瑞欧不得不改变他的程序给choice一个值。变量可以有任何值，即使是空白。

```
choice =" "
```

卡利夫的错误

卡利夫输入了如下代码。这个程序开始工作了，但这里仍然有一个错误。你能看出来吗？

```
choice = " "
while choice != "X":
    teamlist = []
    print("T E A M   M A N A G E R")
    print("=====================")
    print("This program will help you manage your team.")
    print("\n")
    print("A: Append a value")
    print("B: Print the team list")
    print("X: Exit the program")
    choice = input("Enter your choice: ")
```

此命令生成一个新的空团队列表。

```
teamlist = []
```

卡利夫的程序是错误的，因为生成空列表的命令在循环中。它将会重复。团队列表每次都会变为空。卡利夫把该命令移到循环前，从而纠正了错误。

活动

将Team Manager程序菜单放入循环中，其中有X选项退出循环。

要避免在例子中看到的错误。

额外挑战

添加代码，如果用户输入选项"A"，他们就可以在团队列表中添加一个新名称。

测验

程序员制作了菜单界面。它在一个while循环中。

这是while循环的第一行：

```
while more == "Y":
```

1. 此命令中使用的变量的名称是什么？

2. 用户可以输入什么值使循环继续？

3. 你会在循环前加入一行什么代码来设置变量值？

4. 在循环内写一行可以让用户停止循环的代码。

激活菜单选项

本课中

你将学习:

► 如何让用户控制软件操作。

用户界面

在上节课中你制作了菜单。用户键入了一个字母,它被存储为一个名为choice的变量。

在继续执行本课中的任务之前,确保你已经完成上一课中的活动。

想想不同类型的软件。每种软件都有不同的用户界面。

当你触摸或单击界面时,程序中会进行一些操作。

在本课中,你将通过Team Manager程序来实现这一点。你将添加代码以使菜单选项生效。用户输入一个选择,计算机将执行用户的选择。

If结构

你在3.3课中使用了if结构。if结构是从逻辑判断开始的。逻辑判断比较两个值。如果判断为True,那么if结构内部的操作将会被执行。

附加

如果选项为"A",则用户可以附加一个名字到团队列表中。

你已经知道将名称附加到列表的代码。你在3.1课中完成了此活动。

将代码放入if结构中。

```
if choice == "A":

    name = input("Enter a name ")

    teamlist.append(name)
```

if结构中的代码行是缩进的。

打印

如果选择"B",则计算机将打印出团队列表。

你已经知道了打印列表的代码。

将代码放入if结构中。

```
if choice == "B":

print(teamlist)
```

if结构中的代码行要缩进。

双重缩进

右图是目前为止的程序。

这个程序有两个if结构，并都在while循环中。当一个程序结构位于另一个程序结构中时，这称为**嵌套**。if结构"嵌套"在while循环中

```
teamlist = []
choice = " "

while choice != "X":

    print("T E A M  M A N A G E R")
    print("=====================")
    print("This program will help you manage your team.")
    print("\n")
    print("A: Append a value")
    print("B: Print the team list")
    print("X: Exit the program)

    choice = input("Enter your choice: ")

    if choice == "A":
        name = input("Enter a name ")
        teamlist.append(name)

    if choice == "B":
        print(teamlist)
```

- while循环中的命令是缩进的。

- if结构中的命令是缩进的。

这意味着程序有两个缩进。你能看到这个程序中的双重缩进吗？

活动

继续你在上一课中编写的Python程序。添加代码使菜单选项生效。

- 附加名称。

- 打印列表。

记住包括双重缩进。

在本课的下一部分中，你将进一步开发该程序。你将完成下列操作：

- 添加新的菜单选项以打印、删除和编辑元素；

- 阻止用户的错误输入以避免越界错误；

- 使用新的Python函数对列表进行排序。

在继续学习本课的最后一部分之前，请确保你已经完成了前面的所有活动。如果你需要更多的练习，在你进入本单元的最后一部分之前，花点时间完成之前的活动。

探索更多

在3.3课中，你探讨了软件界面，并思考了它们是否对用户友好。继续此任务。但这次要注意软件菜单。你知道什么软件使用菜单吗？如何从菜单中选择选项？你觉得菜单容易理解和使用吗？菜单使用文字还是图片？

添加更多菜单选项

在3.2课中，你学习了一些对团队经理有用的额外命令。

- 打印元素。
- 删除元素。
- 编辑元素。

下面的表格显示了执行这些操作的命令。

操作	命令

打印元素	`i = input("which list item do you want to print? ")`
	`i = int(i)`
	`print(teamlist[i])`

删除元素	`i = input("which list item do you want to delete? ")`
	`i = int(i)`
	`del teamlist[i]`

编辑元素	`i = input("which list item do you want to change? ")`
	`i = int(i)`
	`teamlist[i] = input("enter a new name ")`

防止错误输入

上面这个表格显示了让用户打印、删除或编辑一个元素的命令。在每种情况下，用户都必须输入一个数字。这个数字是列表项的索引号。在本例中，该值存储为名为i的变量。

用户输入的值必须是有效的索引号。它不能大于列表中的最大索引号。如果它太大，将导致越界错误。例如，如果列表中有5个项，用户试图删除第8项，则会导致错误。

在3.3课中，你学习了如何防止错误输入。你可以使用这些技巧来防止用户输入过大的索引号。

对列表进行排序

下面命令将对团队列表进行排序。

```
teamlist.sort()
```

因为teamlist中的元素是字符串，所以它们将按字母顺序进行排序。如果它们是数字，就会按数字顺序进行排列。

用这些知识在菜单中添加一个新选项，对teamlist进行排序。

额外挑战

添加代码来完成本课中所给的一个新菜单选项。右图显示了所有选项（不必全部执行）。

如果你有时间，选择不同菜单选项进行多次操作。

如果你还有时间，也可以添加一些检查代码，用来防止无效的索引号。

```
Enter your choice:
T E A M   M A N A G E R
=======================
This program will help you manage your team.


A: Append a value
B: Print the team list
C: Print one element
D: Delete one element
E: Edit one element
F: Sort the list
X: Exit the program


Enter your choice:
```

测验

程序员编写了一个程序。右面是部分程序。

1. 为了打印列表，用户应该输入什么选项？

2. 如果用户键入"A"，会发生什么情况？

3. 如果用户键入"B"，接下来会在屏幕上看到什么？

4. 如果用户键入"C"，会发生什么情况？

```python
colourlist = ["red","yellow","blue","green"]
choice = ""

while choice != "Z":

    print("A: Add a new colour to the list")
    print("B: Print the colour list")

    choice = input("Input your choice: ")

    if choice == "A":
        new = input("Type a new colour ")
        colourlist.append(new)

    if choice == "B":
        print(colourlist)

    if choice == "C":
        colourlist.sort()
```

创造力

使用Python来制作一个界面是比较困难的。这是因为程序只能打印由文本字符组成的简单输出。

尤赛恩喜欢具有创造性的挑战。他只使用Python print命令为程序制作了右图所示标题。

你能为你的Team Manager程序设计并制作一个有趣的标题吗？

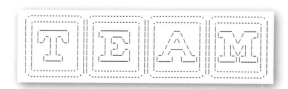

3 计算思维：Team Manager 程序

你已经学习了：

► 如何将一系列项目存储为列表；

► 如何对列表中的项目进行添加、删除和编辑；

► 如何查看（遍历）列表中的每个值；

► 如何制作菜单界面来帮助用户；

► 如何阻止错误的输入来防止程序崩溃。

尝试测试和活动。它们会帮你看看你理解了多少。

测试

扎米尔在学习质数。他列了一张质数表。他用了这个命令：

```
primes = [2,3,5,7,11]
```

① 这个列表中有多少元素？

② 将值13附加到列表的命令是什么？

扎米尔想将列表中的所有元素逐个打印出来。他用了这个命令：

```
for i in range (stop):

print(primes[i])
```

③ 如果变量stop的值为13，则会出现错误。什么类型的错误？

④ 扎米尔可以使用什么命令来设置stop变量的值？

⑤ 编写一组命令，提示用户输入一个值，然后将该值附加到列表。

⑥ 编写一组命令，提示用户输入索引号，然后从列表中删除该元素。

乌娜想保存城市的名字。她创建了一个程序，生成了一个清单。

1. 写一个列出5个城市的程序。你可以使用此处显示的一些名称，也可以使用新名称。

2. 添加命令来遍历城市列表，逐个打印每个名字。

3. 在程序中添加一个使用户可以在城市列表中添加名称的命令。

4. 在程序中添加一个使用户可以从城市列表中删除名称的命令。

5. 添加一些用来打印城市列表的命令，以显示这些更改。

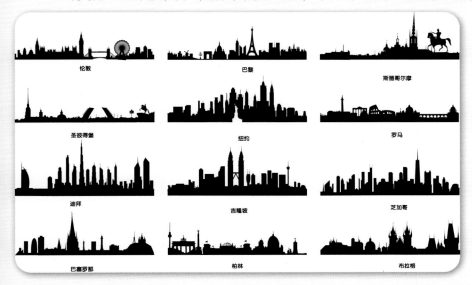

自我评估

- 我回答了测试题1和测试题2。

- 我完成了活动1。

- 我回答了测试题1~测试题4。

- 我完成了活动1和活动2。

- 我回答了所有的测试题。

- 我完成了所有的活动。

重读单元中你不确定的部分。再次尝试测试题和活动，这次你能做得更多吗？

3 计算思维：Team Manager 程序

编程：Atom Finder程序

你将学习：

► 如何将代码块存储为过程并在程序中使用它们；

► 如何创建在列表中查找元素的过程；

► 如何比较用于搜索列表的算法。

在上一单元中，你使用了用于存储团队成员的列表。在本单元中，你将使用一个原子列表来工作。你将编写一个Python程序，向列表中添加、从表中删除原子的名称。你将编写一个Python程序在列表中查找原子。

不插电活动

计算机将浏览这个列表。计算机一次只能看一项。这项活动将让你知道在列表中查找一项有多难。

城市公园学校的学生玩了"原子搜索"游戏。他们都认可这份原子清单。

Hydrogen	Helium	Carbon	Nitrogen	Oxygen
Fluorine	Neon	Sodium	Magnesium	Aluminium
Silicon	Phosphorus	Sulfur	Chlorine	Argon
Potassium	Calcium	Iron	Cobalt	Nickel
Copper	Zinc	Silver	Tin	Antimony
Iodine	Platinum	Gold	Mercury	Lead

他们把原子的名字写在不同的卡片上。学生把卡片正面朝下，以便把名字藏起来。原子没有按顺序排列。

学习成果：编写使用过程或函数的模块化程序；比较解决问题（例如，搜索）的不同算法。

游戏规则是一次只能看一个名字，然后你必须把牌的正面朝下。

塔莎要求杰西明找到搜索词Gold。杰西明将第一张卡片翻过来——上面没有显示Gold。然后她把下一张卡片翻过来——上面也没有显示Gold。杰西明必须不停地翻卡片，直到找到搜索词。

在你们班试试这个游戏。保留卡片，你可以在4.5课中再次使用它们。

科学家使用计算机研究非常微小的东西，如原子和亚原子粒子。他们也可以使用计算机研究宇宙中最大的结构，如星系。科学家通过对一个星系进行大规模的计算机模拟，解开了恒星形成的星际之谜。这一模拟是在一台功能极其强大的新型计算机上进行测试的，这台计算机被命名为Stampede超级计算机。

谈一谈

在本单元中，你将使用计算机来保存和处理科学数据。计算机不仅可以帮助我们学习科学，而且可以帮助我们学习任何一门学科。你想在学校中多使用计算机吗？

标题　主体
模块　函数　过程
模块化编程　搜索词
线性搜索　二分搜索
参数

本课中

你将学习：

▶ 如何调整程序；

▶ 程序结构有头和主体。

Atom List程序

在第3单元中你做了一个Team Manager程序。它有一个菜单，菜单允许你在团队列表中添加和删除项目。在本单元中，你将会编写一个类似的程序。它被称为Atom List。这个程序对从氢到镭的原子元素列表进行管理。

 Atom List程序已经为你准备好了。你的老师会给你一份这个程序的副本，你也可以自己从网上下载。

看看程序代码

打开Atom List程序，通读代码。

该程序分为三个部分。程序的各部分使用注释进行标记。请记住，计算机会忽略注释，它们是供你阅读的。

该程序的三个部分是：

• 原子列表；

• 过程定义；

• 主程序。

```
### the list of atoms
atoms = ["Hydrogen", "Helium", "Lithium", "Beryllium",
    "Boron", "Carbon", "Nitrogen", "Oxygen", "Fluorine",
    "Neon", "Sodium", "Magnesium", "Aluminium", "Silicon",
    "Phosphorus", "Sulfur", "Chlorine", "Argon", "Potassium",
    "Calcium", "Scandium", "Titanium", "Vanadium", "Chromium",
    "Manganese", "Iron", "Cobalt", "Nickel", "Copper", "Zinc",
    "Gallium", "Germanium", "Arsenic", "Selenium", "Bromine",
    "Krypton", "Rubidium", "Strontium", "Yttrium", "Zirconium",
    "Niobium", "Molybdenum", "Technetium", "Ruthenium", "Rhodium",
    "Palladium", "Silver", "Cadmium", "Indium", "Tin", "Antimony",
    "Tellurium", "Iodine", "Xenon", "Cesium", "Barium", "Lanthanum",
    "Cerium", "Praseodymium", "Neodymium", "Promethium", "Samarium",
    "Europium", "Gadolinium", "Terbium", "Dysprosium", "Holmium",
    "Erbium", "Thulium", "Ytterbium", "Lutetium", "Hafnium", "Tantalum",
    "Tungsten", "Rhenium", "Osmium", "Iridium", "Platinum", "Gold",
    "Mercury", "Thallium", "Lead", "Bismuth", "Polonium",
    "Astatine", "Radon", "Francium", "Radium"]
```

程序的第一部分生成一个列表。这个列表叫作atoms。列表中有88个元素。

程序的下一个部分称为"过程定义"。程序的这部分暂时是空的。在4.2课中你将对过程进行定义。

```
### Procedure definitions
```

程序的最后一部分称为"主程序"。这是Python程序的主要部分。它包含显示菜单的代码。

它还有使菜单选项工作的代码。

下面的代码将一个新的原子名称附加到原子列表中。在程序中找到此代码。

```
### Main program

choice =""
while choice != "X":
    print("=====================")
    print("A T O M   F I N D E R")
    print("=====================")
    print("\n")
    print("A: Append an atom to the list")
    print("B: Remove an atom from the list")
    print("C: Print the list")
    print("X: Exit the program")
    print("\n")
    choice = input("Choose an option: ")
```

```
if choice == "A":
    name = input("enter the
name of an atom to add: ")
    atoms.append(name)
    print(name, "has been added to the list")
```

下面的代码将从列表中删除一个元素。在程序中找到此代码。

```
if choice == "B":
    name = input("enter the name of an atom to remove: ")
    atoms.remove(name)
    print(name, "has been removed from the list")
```

这段代码使用了一个新命令：remove。此命令从列表中删除元素。你可以给出项目的名称。计算机浏览列表。如果它发现一个项目与你提供的名称相匹配，它就会将其从列表中删除。

运行程序代码

运行程序。你将看到shell中显示的菜单界面。

通过使用菜单，你可以处理原子列表。

- **如果键入选项"A"**，程序将要求你输入一个原子的名称，并将此名称添加到列表中。

- **如果键入选项"B"**，程序将要求你输入一个原子的名称，并将此名称从列表中删除。

- **如果键入选项"C"**，程序将打印整个列表。

- **如果键入选项"X"**，程序将关闭。

```
=====================
A T O M   F I N D E R
=====================


A: Append an atom to the list
B: Remove an atom from the list
C: Print the list
X: Exit the program


Choose an option:
```

活动

将Atom List程序复制到你的计算机上，以通常的方式打开程序。

通读代码并查看程序的三个部分。

运行程序。使用菜单界面：

- 将"uranium"添加到列表中

- 从列表中删除"Irom"；

- 打印列表。你会看到你做的一些改变。

对列表的更改不会是永久性的。下次加载程序时，列表将仍然保持其原始内容。

程序头和程序主体

Atom List程序包括if结构。之前在其他程序中你使用过if结构。

Python的if结构是由**头**和**主体**组成的。头具有控制if结构的命令。主体含有由头控制的命令。每次创建if结构时，都必须创建头和主体。

头

头启动if结构。

它具有以下部分：

- 词if；

- 一个逻辑判断；

- 一个冒号（两点）。

下面是Atom List程序中if头的示例。

```
if choice == "A":
    name = input("enter the name of an atom to add: ")
    atoms.append(name)
    print(name, "has been added to the list")
```

```
if choice == "A":
```

主体

if结构中的主体包含属于该结构的所有其他命令。正文中的命令是缩进的，用来显示它们属于if结构内部。如果if头中的判断为True，这些命令将被执行。

下面是这个程序的一个示例。

```
name = input("enter the name of an atom to add: ")

atoms.append(name)

print(name, "has been added to the list")
```

计算机什么时候执行这些命令？

循环结构

Atom List程序包含一个循环。你之前在其他程序中使用过循环。

循环也有头/主体结构。

- **循环的头**包含控制循环的命令。它设置循环的退出条件。它可以是for循环或while循环。

- **循环的主体**包含属于循环内部的命令。它们是缩进的。这些命令将被重复执行。头控制着命令重复的次数。

双重缩进

在这个程序中有一个while循环。while循环中有if结构。

在第3单元你学习了：

- 如果一个结构在另一个结构中，则被称为嵌套结构；

- 嵌套结构以双重缩进方式显示。

注意这个程序中的双重缩进。

⚙ **活动**

卡斯米扩充了菜单，添加了选项D，对列表进行排序。

在程序中添加新的print命令以显示此新菜单选项。

在程序中添加一个新的if结构，使新的菜单选项生效。

```
if choice == "D":
```

下面的命令用来对列表进行排序。将此命令放入新的if结构中。

```
atoms.sort()
```

```
Choose an option:
====================
A T O M   F I N D E R
====================


A: Append an atom to the list
B: Remove an atom from the list
C: Print the list
D: Sort the list
X: Exit the program
```

▶ **额外挑战**

在第3单元中，你学习了一些用于打印列表中单个元素的命令。在菜单中添加一个允许用户执行此操作的选项。添加一个if结构，使这个附加菜单选项生效。

✔ **测验**

1. Python结构有头和主体。头总是以什么符号结尾？

2. Python如何显示属于Python结构中的命令？

3. Python如何显示一个结构（例如，if结构）嵌套在另一个结构（例如，循环）中？

4. 在第3单元你了解了注释。给出一个在Atom List程序中的注释范例。

4 编程：Atom Finder 程序

本课中

你将学习:

▶ 如何定义一个过程;

▶ 如何在程序中调用过程。

什么是过程?

模块是一个现成的代码块。模块有一个名称,可以在程序中使用。如果在程序中输入模块的名称,则会执行模块中的所有命令。这使得你的程序更短、更容易编写。

过程是一种可以自己编写的模块。在本课中,你将创建和使用过程。你将编写一个新程序来练习使用过程,然后你将在Atom List程序中使用该过程。

如何使用过程

你可以在任何程序中使用过程。你必须做两件事。

1. 定义此过程。为过程命名,将命令存储在过程中。

2. 调用过程。将过程的名称放入程序中。所有存储在过程中的命令将被执行。

现在你来练习定义和调用过程。

过程看起来是什么

在上一课中,你了解了Python的结构有头和主体。

Python过程有相同的结构。每个过程都有一个头和主体。

这是一个示例。

头

```
def welcome():
    print("=" * 40)
    print(" "* 12, "welcome")
    print("=" * 40)
```

主体

头

过程的头始终具有以下结构：

- def这个词代表"define the procedure（定义过程）"；
- 过程的名称。此示例中过程命名为welcome；
- 开括号和闭括号；
- 一个冒号。

主体

过程主体都包含存储在此过程中的所有命令。该过程有3个命令。它们都是打印命令。这些命令将会把一个欢迎信息输出在屏幕上。

过程名称

当程序员编写过程时，他们必须为过程选择一个过程名字。

- 它必须是一个单词（中间没有空格）。
- 必须以一个字母开头。
- 它只能包含字母、数字和下画线字符。

这个名字应该会提醒你这个过程的作用。此过程打印一个欢迎消息，所以程序员决定称之为"welcome"。

调用过程

在定义过程后，你就可以对该过程进行调用。调用意味着你将过程的名称放入程序中。

活动

开始编写一个新程序，并定义本页显示的welcome过程。如果你运行这个程序，没有任何操作发生。

在welcome过程下面，添加调用该过程的代码。

```
welcome ( )
```

现在当你运行程序时，过程中的命令将被执行。

你可以多次调用该过程。扩展的程序如下：

```
welcome ( )

welcome ( )

welcome ( )
```

现在当你运行程序时，过程中的命令将被执行三次。

在Atom List程序使用过程

你练习了如何定义和调用一个名为welcome的过程。现在你将编写Atom List程序。你将定义并调用一个名为add_atom的过程,该过程存储添加原子到列表中所需的所有命令。

过程定义

程序员通常将过程的定义放在程序的起始附近。Atom List程序在开头有如下的代码:

```
### Procedure definitions
```

在这里你将定义add_atom过程。稍后,你将在本节中编写更多的过程。

定义过程

你将定义add_atom过程。该过程将存储添加原子到列表中所需的所有命令。右图是此过程的定义。你应该熟悉这些命令并理解它们的作用。

```
def add_atom():
    name = input("enter the name of an atom to add: ")
    atoms.append(name)
    print(name, "has been added to the list")
```

调用过程

现在,当你想将原子添加到列表中时,可以调用add_atom过程。

```
if choice == "A":
    name = input("enter the name of an atom to add: ")
    atoms.append(name)
    print(name, "has been added to the list")
```

找到程序中与右图相似的部分。

你可以删除所有代码,用add_atom过程的名称来代替。

```
if choice == "A":
    add_atom()
```

活动

打开你在上一课中使用的Atom List程序。定义本页所示的add_atom过程。将过程定义放在程序的开头。

对本页所示的程序进行更改。如果用户键入A,程序将调用add_atom过程。

运行程序并检查它是否工作。

使用过程的优点

大多数程序员在程序中使用过程或类似的结构。在编程中使用过程和其他模块被称为**模块化编程**。

模块化编程有许多优点。

- 将代码存储在过程中可以使主程序更短小且更容易阅读。
- 存储在过程中的代码可以反复使用，从而节省时间和精力。
- 编写程序的工作可以在团队中共享。团队中的每个人都编写了不同过程。
- 当学生第一次开始编写和使用过程时，很难看出这些优点。但从长远来看，知道如何使用过程会使你成为一个更好的程序员。

内置函数

你已经定义并使用了称为过程的模块。

Python有一些为用户而编写的模块，它们被称为**内置函数**。你不必去定义这些内置函数，可以仅在代码中使用它们。

实际上，你一直在使用这些内置函数。下面是Python中包含的一些内置函数的示例：

```
input ()
int ()
print ()
```

你认识这些函数吗？在程序中键入这些函数时，这些函数的名称将以紫色显示。

额外挑战

这是程序中用于从列表中删除一个原子名称的代码。

```
if choice == "B":
    name = input("enter the name of an atom to remove: ")
    atoms.remove(name)
    print(name,"has been removed from the list")
```

运用你所学的技能，编写一个名为remove_atom的过程，并在主程序中调用该过程。

测验

这些命令创建了一个新过程。

```
def say_hello ( ) :
    name = input("what is your name? ")
    print("hello", name)
```

1. 给出在程序中调用这个过程的命令。

2. 描述调用此过程时会发生什么。

3. 该过程的两行被缩进。请解释原因。

4. 描述在程序中使用过程（模块化编程）的优点。

4.3 线性搜索

本课中

你将学习：

▶ 如何编写在列表中查找一个值的过程；

▶ 线性搜索是什么。

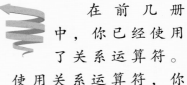

螺旋回顾

在前几册中，你已经使用了关系运算符。使用关系运算符，你可以使用值True或False进行逻辑判断。在本课中，你将学习一个新的关系运算符：in。

搜索列表

城市公园学校的学生决定做一个程序来满足如下要求：

"用户输入一个原子的名称。程序在列表中搜索名称。如果名称在列表中，程序将会显示一条消息。"

这个新程序叫作Atom Finder。在本课的后面，你将下载新程序并对其进行更改。

一种新的关系运算符

当进行搜索时，你寻找的项目称为**搜索词**。Python提供了一种现成的方法在列表中查找搜索项。它是一个关系运算符：

    in

记住，关系运算符将值与值进行比较。比较值可以进行逻辑判断。

关系运算符in比较单个值和列表。如果值在列表中，则判断为True（真）。如果该值不在列表中，则判断为False（假）。

下面是一个使用in的简单示例程序。

```
mylist = ["A","B","C"]

letter = input("Enter a letter: ")

if letter in mylist:

    print("The letter is in the list")
```

现在你将使用in运算符在列表中查找一个原子。

启动新程序

打开Atom Finder程序。

或者将上一个程序中的原子列表复制粘贴到新的程序文件中。

塔莎为Atom Finder程序添加了代码。她用了in运算符。程序会告诉用户他们输入的名字是否在列表中。

```
name = input("enter a name ")
if name in atoms:
    print(name,"is in the list of atoms ")
```

普楠编写了一个扩展版本。该版本使用if…else结构。如果名称在列表中，此扩展程序将显示一条消息；如果名称不在列表中，则显示另一条消息。

⚙ **活动**

打开Atom Finder程序。添加命令以便用户输入名称。程序告诉用户原子是否在列表中。使用in运算符和if…else结构。

其他搜索方式

在本单元中，你将了解更多有关搜索如何工作的信息。你将学习如何在不使用in运算符的情况下进行搜索。这将帮助你了解程序在列表中搜索值的不同方式。

你将要学习的两种方法称为：

- **线性搜索**
- **二分搜索**

在本课中，你将学习线性搜索。

遍历列表

在第3单元中，你学习了如何使用for循环遍历列表。遍历列表意味着访问列表中的每一项。你可以打印每一项，以显示你访问过它。下表显示了遍历列表的操作以及与每个操作匹配的Python代码。

操　　作	Python代码
查找for循环的停止值，停止值与列表的长度相同	stop = len(atoms)
使用for循环一次一项地对列表进行计数	for i in range(stop):
打印列表项	print(atoms[i])

如果你把所有的命令放在一起，程序就会遍历这个列表。

```
stop = len(atoms)
for i in range(stop):
    print(atoms[i])
```

当程序运行时，它会输出每个原子的名称。右图仅显示部分输出。

Hydrogen
Helium
Lithium
Beryllium
Boron
Carbon
Nitrogen
Oxygen
Fluorine
Neon
Sodium
Magnesium
Aluminum
Silicon
Phosphorus

活动

使用Atom Finder程序。

- 删除使用in运算符的代码。
- 添加新代码以遍历列表。
- 运行程序。你的程序应该打印列表中的每个值。

线性搜索概述

一个人可能一眼就看了整个列表。但是计算机一次只能检查一个值。要在列表中查找搜索项，计算机必须逐个查看每个值。它将检查每个值是否与搜索项匹配。这就是线性搜索的工作原理。

编写线性搜索程序

你已经编写了遍历列表的代码。你使用for循环访问列表中的每一项。现在你可以修改这些代码了。计算机将检查每一项而不是打印每一项。它将检查每一项是否与搜索项匹配。

下表列出了线性搜索的所有操作（表格是不完整的）。

操 作	Python代码
从用户处获取搜索词。将输入存储为名为name的变量。	`name = input("Enter a name: ")`
找到stop的值（列表长度）	
使用for循环一次一项地对列表进行计数	
使用if语句。逻辑判断检查列表项是否与搜索项匹配	`if atoms[i] == name:`
如果判断为True，则打印一条消息，说明你已找到搜索项	

活动

复制此表。

完成该表以显示与每个操作相匹配的Python命令。回顾一下列表遍历示例会有助于你的工作。

总结

线性搜索是在列表中查找值的一种方法。

- 它使用for循环对列表进行计数。

- 它将列表中的每个值与搜索词进行比较。

- 如果存在完全匹配的项，则会显示一条消息，说明找到了该项。

下面是执行线性搜索的完整代码。

```
### the linear search
name = input("Enter a search term: ")
stop = len(atoms)
for i in range(stop):
    if atoms[i] == name:
        print(name, "found in the list")
```

活动

编辑Atom Finder程序。

- 删除用于遍历列表的代码。

- 添加完成线性搜索的代码。

- 运行程序以确保它正常工作。

额外挑战

这是Atom Finder程序的扩展菜单。

- 向程序中添加代码，使此菜单显示在屏幕上。

- 添加代码，使所有菜单选项生效。

- 将菜单放入while循环中。

```
====================
A T O M   F I N D E R
====================


A: Add an atom to the list
B: Remove an atom from the list
C: Print the list
D: Search the list
X: Exit the program


Choose an option: |
```

测验

1. 解释如何使用in运算符进行逻辑判断。

2. 在本课中，你使用一个循环结构遍历列表。解释"遍历"是什么意思。

3. 什么是搜索词，在搜索程序中如何使用它？

4. 下面的代码说明一个原子在列表中。更改代码，这样它将打印出原子的名称，并表示它在列表中。

```
print("The atom is in the list")
```

4.4 线性搜索过程

本课中

你将学习：

▶ 如何将线性搜索代码转换为线性搜索过程。

线性搜索过程

在4.2课中，你学习了如何创建过程。在4.3课中，你学习了如何进行线性搜索。在本课中，你将创建一个执行线性搜索的过程。在你开始本课的任务之前，确保你理解了先前课程中的相关内容。

你应该打开在屏幕上的Atom Finder程序。转到程序中放置过程定义的位置。

过程的头

程序员通常在程序开始定义过程。每个过程都以头作为开始。回顾4.2课，让自己复习如何定义过程。

为线性搜索过程想一个好名字。在本例中，我们称之为linsearch。过程的头如下：

```
def linsearch ( ) :
```

过程的主体

过程主体存储用来执行线性搜索的所有命令。你已经编写了这些命令。在程序中找到这些命令，将命令复制并粘贴到过程中。

记住要确认过程主体中的命令是缩进的。

右侧是完整的过程定义。

```
def linsearch():
    name = input("Enter a search term: ")
    stop = len(atoms)
    for i in range(stop):
        if atoms[i] == name:
            print(name, "is in the list")
```

调用过程

要调用过程，必须在代码中包含过程的名称。

转到程序中线性搜索代码所在的部分。如果你还尚未删除执行线性搜索的所有代码，请删除它们。用过程的名称替换所有被删除的代码。

```
linsearch ( )
```

你的程序现在将完成线性搜索。

创建线性搜索过程并在主程序中使用它。运行程序并回答下列问题。

a. 如果键入列表中某个原子的名称，则输出是什么？

b. 如果键入一个不在列表中的原子的名称，则输出是什么？

如果找不到搜索项

城市公园学校学生制作了这个程序并进行了测试。艾梅尔运行了程序。他搜索了列表，来确认列表中是否有Silver。下面就是输出的结果。

```
Enter a search term: Silver
Silver is in the list
```

但如果搜索词不在列表中，则不会看到消息。程序刚刚停止，城市公园学校的学生决定对他们的程序进行改变。他们想满足以下需求：

"用户输入原子的名称。程序在列表中搜索名称。如果名称在列表中，程序将显示一条消息。如果名称不在列表中，程序将显示另一条消息。"

学生们努力完成这个项目。刚开始他们犯了一些错误。

艾梅尔的错误

线性搜索过程使用if。如果找到搜索词，它将显示一条消息。如果程序没有找到搜索词，艾梅尔决定使用else来显示不同的消息。下面是艾梅尔所编写的线性搜索过程。

```
def linsearch ( ) :
    name = input("Enter a search term: ")
    stop = len(atoms)
    for i in range(stop):
        if atoms[i] == name:
            print(name, "is in the list")
        else:
            print(name, "is not in the list")
```

```
Enter a search term: Silver
Silver is not in the list
Silver is not in the list
Silver is not in the list
Silver is not in the list
Silver is not in the list
Silver is not in the list
Silver is not in the list
Silver is not in the list
Silver is not in the list
Silver is not in the list
```

艾梅尔运行他的程序。右图是输出结果，这只是其中一部分。

每次发现与搜索词不匹配的项目时，程序都会显示消息"Silver is not in the list"。这是没有用的。即使搜索词在列表中，用户也会看到此消息。用户将看到许多消息。

瑞亚的错误

瑞亚决定将not found消息放在循环的末尾，这样它只会显示一次。下面是瑞亚所编写的线性搜索过程。

```
def linsearch():
    name = input("Enter a search term: ")
    stop = len(atoms)
    for i in range(stop):
        if atoms[i] == name:
            print(name, "is in the list")
    print(name, "is not in the list")
```

瑞亚运行了她的程序。下面是输出结果。

```
Enter a search term: Silver
Silver is in the list
Silver is not in the list
```

程序显示消息"Silve is in the list"。它还显示消息Silver is not in the list。这对用户是没有帮助的。用户不知道哪个消息是真的。

谢科尔先生的提示

城市公园学校的计算机科学老师是谢科尔先生。谢科尔先生给了学生们一些建议。他告诉他们一个新的程序命令：

```
return
```

return命令是一个Python关键字。它用金色来显示。记住，Python使用关键字来控制程序的结构。

程序员可以将return命令放入过程中。当计算机看到return命令时，它将停止程序并返回到主程序。

使用return命令

通过使用return命令，程序可以使线性搜索过程正常工作。下面是完整的过程。

```
def linsearch():
    name = input("Enter a search term: ")
    stop = len(atoms)
    for i in range(stop):
        if atoms[i] == name:
            print(name, "is in the list")
            return
    print(name, "is not in the list")
```

谢科尔先生把return命令加入过程中。

- 如果计算机找到搜索项，它将显示原子在列表中的消息。然后它将返回到主程序。它永远不会显示最后的信息。

- 如果计算机在列表中找不到搜索项，它将完成循环，并转到最后一条消息。它将显示原子不在列表中的消息。

下面是程序输出的两个示例。在第一个示例中，搜索词Oxygen在列表中。

```
Enter a search term: Oxygen
Oxygen is in the list
```

在第二个示例中，搜索词Water不在列表中。

```
Enter a search term: Water
Water is not in the list
```

程序将始终显示正确的消息。这个程序现在满足了学生们计划的程序需求。

活动

修改线性搜索过程，使得如果原子在列表中时显示一条消息，而原子不在列表中时显示另一条消息。

用不同的输入测试程序，以确保它有效。

额外挑战

程序的可读性很重要。要使程序可读，需要

- 对变量和过程使用有用的名称。

- 包括解释程序各部分的注释。

确保Atom Finder程序的可读性好。

测验

西姆恩编写了一个名为my_procedure的过程。

1. 写出这个过程的头。

2. 在主程序中调用这个过程。

3. 程序包括return命令。当计算机看到这个命令时会发生什么？

4. 谢科尔先生说，西姆恩并没有为他的过程选择一个很好的名字。西姆恩选择的名字有什么问题？

4 编程：Atom Finder 程序

本课中

你将学习：

▶ 关于不同的搜索类型；

▶ 二分搜索的原理。

搜索算法

算法设置了解决问题或完成任务的过程。算法可以用来对程序进行规划。有时解决同一个问题的算法可以有多个。

一个示例。在列表中搜索一项，有两种方法：

● 线性搜索　　　　　● 二分搜索

线性搜索算法

你已经编写了一个使用线性搜索算法的程序。它有以下步骤：

1. 从第一个项目开始计数。

2. 将每个项目与搜索词进行比较。

3. 如果有匹配项，则该项在列表中。

计算机必须查看列表中的每一项。如果列表中有很多项，则算法可能需要很长时间。

你使用了线性搜索算法在原子列表中查找搜索项。原子的列表并不长。但在现实生活中，列表可能很长。想象一下银行所有客户的名单或者微信等社交网站的所有用户列表。在现实生活中，列表可以有数百万甚至数十亿项。如果你需要在这样一个大列表中查找一项，线性搜索就太慢了。

二分搜索算法

一种更快的搜索列表的方法叫作二分搜索。二分表示"由两部分组成"或"分成两部分"。二分搜索的工作原理是将列表一分为二。

下面是二分搜索的工作原理。

1. 把列表按顺序排列。

2. 找到列表的中点。

3. 将搜索词与中点进行比较。是高了还是低了？

4. 把列表一分为二，保留上半部或下半部。

5. 把列表一分为二，直到只有一项。

二分搜索比线性搜索快得多。但它有一个缺点，只能对已排序列表使用二分搜索。

演示二分搜索

你可以在课堂上演示二分搜索。

把原子的名称写在卡片上：

- Carbon（碳）
- Mercury（汞）
- Gold（金）
- Nitrogen（氮）
- Helium（氦）
- Qxygen（氧）
- Hydrogen（氢）
- Platinum（铂）

如果你愿意，可以在列表中添加更多原子。

排成一行，代表原子列表。你们每个人都应该持有一张有一个原子名字的卡片。确保卡片名称按字母顺序排列。

你的老师会给你一个搜索词。它可能是列表中的一个名称，也可能不是。

找到中点

数一数（列表）上的学生人数。找到列表上中间的那个学生。列表的中间位置称为**中点**。

存储在中点位置的值是**中点值**。看学生在中点拿的卡片。此卡片显示中点值。

拆分列表

现在你可以把列表分成两半。

- 一半的值都小于中点值；
- 另一半为中点及更大的值。

保留一半

将搜索项与中点值进行比较。

- **如果搜索词位于字母表的前面**，请保留列表的前半部分。
- **否则**，保留列表的后半部分。

其他学生可以坐下。

重复

用新的更小的列表重复以下步骤。

- 找到中点。

- 将搜索项与中点值进行比较。

- 只保留列表的一半。

再次重复。列表将会变得越来越小。

当只剩下一个学生时停下来

重复几次后，只剩下一个学生。将他的原子与搜索项进行比较。

- **如果与搜索词匹配**，则表示你已找到它。

- **否则**，搜索项不在此列表中。

⚙ 活动

演示二分搜索。全班都参与，或者分组做。

使用搜索

一台计算机试图在包含128项的列表中找到一个项目，而该项目不在列表中。计算机花多长时间才能完成搜索？

- **使用线性搜索**，计算机必须查看列表中的每一项，一共有128次操作。

- **使用二分搜索**，计算机必须将列表进行7次拆分，一共7次操作。

二分搜索使用较少的操作。这是更快的搜索方式。如果列表有一百万个项目，那么二分搜索比线性搜索快得多。线性搜索需要一百万次运算，二分搜索只需要20次操作。

二分搜索的最大缺点是必须先对列表进行排序。列表排序可能需要很长时间。如果添加了新项，则可能需要再次对列表进行排序。在这种情况下，我们可能会决定改用线性搜索。

比较两种搜索

下表比较了两种类型的搜索。有些表格是空的。

	工作原理	优点	缺点
线性搜索			如果列表中有很多项，则速度可能会很慢
二分搜索	一次又一次地将列表一分为二，直到只有一项		仅当列表已排序时才能使用

活动

复制表格。使用本课中的信息填写空表格。

你可以手工或使用软件（如文字处理软件）填写表格。

额外挑战

要将一个列表拆分成最后只有一个项目，你需要拆分多少次？这取决于列表的大小。你已经看到，一个包含128项的列表需要7次拆分才能得到所需项目。

假设要将包含下列项数的列表拆分为只剩一项，假设每次拆分为一半，分别需要多少次操作？

a. 32项；

b. 64项；

c. 256项。

对于每种类型的搜索，制作或绘制一个图表来显示对不同大小的列表搜索所需的操作数。

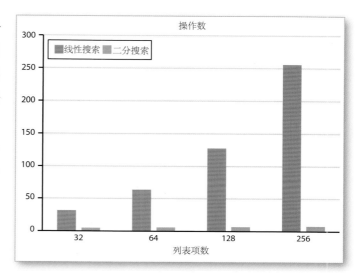

测验

1. 两种搜索算法的名称是什么？

2. 两种搜索算法中哪一种能更快地找到搜索项？

3. 给出一个你可能使用较慢搜索算法的原因。

4. 用你自己的话描述二分搜索的过程。

创造力

做一张关于其中一个搜索的海报。你的海报应该描绘该搜索如何工作及其优点。使用软件去制作这张海报。

4

编程：Atom Finder 程序

本课中

你将学习：

▶ 在二分搜索中使用的一些命令；

▶ 怎样编写二分搜索的过程。

用于二分搜索的命令

下列命令被用在二分搜索中：

- 对列表进行排序
- 在中点位置将列表拆为两半
- 找到列表的中点

在Shell里练习

打开Python Shell。输入下面命令生成atoms列表。如果你愿意，可以向列表中添加不同的值。

```
atoms = ["Hydrogen", "Helium", "Carbon", "Nitrogen",
"Oxygen", "Platinum", "Gold", "Mercury"]
```

对列表排序

在开始拆分列表之前，必须按字母顺序对列表进行排序。下面是对atoms列表排序的命令：

```
atoms.sort()
```

键入此命令。打印列表，你会看到它是按字母顺序排列的。

```
>>> atoms = ["Hydrogen", "Helium", "Carbon", "Nitrogen", "Oxygen",
"Platinum", "Gold", "Mercury"]
>>> atoms.sort()
>>> print(atoms)
['Carbon', 'Gold', 'Helium', 'Hydrogen', 'Mercury', 'Nitrogen', 'O
xygen', 'Platinum']
```

找到中点

列表中的每一项都由一个数字标识，这个数字叫作索引。索引是整数，显示在方括号中。

要执行二分搜索，需要找到中点的索引。中点可通过以下方式找到：

- 列表的长度；
- 除以二。

此计算的结果将给出列表中点处的索引。记住，索引必须是整数。

整数除法

幸运的是，Python允许进行**整数除法**。这意味着进行普通除法，但结果是一个整数。答案圆整为整数。

要进行整数除法，请使用双除号：

```
midpoint = len(atoms)//2
```

在本例中，列表有8项，因此中点是4。

```
>>> print(atoms[0])
Carbon
>>> print(atoms[3])
Hydrogen
>>> print(atoms[7])
Platinum
```

输出中点值

要从列表中输出单个项，必须给出其索引。下面是一个例子。

要输出列表中点值，请使用以下指令：

```
print(atoms[midpoint])
```

atoms列表的中点是位置4。此命令将输出列表中位置4处的值。

```
>>> midpoint = len(atoms)//2
>>> print(midpoint)
4
>>> print(atoms[midpoint])
Mercury
```

将列表一分为二

要查看列表中的单个元素，请将索引号放在方括号内。例如：

```
print(atoms[2])
```

列表的一部分称为"片段"。当你将列表一分为二时，这两半都称为片段。

要查看列表的一个片段，可以给出片段的开始位置和结束位置，中间用一个冒号隔开。例如：

```
print(atoms[0:2])
```
```
print(atoms[2:5])
```

如果你在冒号之前或之后漏掉了数字，计算机将使用列表的开头或结尾。下面是Python Shell中的一些示例。

```
>>> print(atoms[2])
Helium
>>> print(atoms[0:2])
['Carbon', 'Gold']
>>> print(atoms[2:5])
['Helium', 'Hydrogen', 'Mercury']
```

下面命令显示到中点的所有值：

```
print(atoms[:midpoint])
```

下面命令显示从列表中点到末尾的所有值：

```
print(atoms[midpoint:])
```

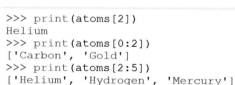

```
>>> print(atoms[:midpoint])
['Carbon', 'Gold', 'Helium', 'Hydrogen']
>>> print(atoms[midpoint:])
['Mercury', 'Nitrogen', 'Oxygen', 'Platinum']
```

活动

在Python Shell中，生成atoms列表。输入命令完成下列操作：

- 排序并输出列表。
- 查找并输出中点值。
- 将列表分为两部分打印：一部分打印开始到中点，另一部分打印从中点到终点。

二分搜索过程

你已经学习了在二分搜索过程中使用的一些命令。你已经在Python Shell中试用了它们。以下是你已经学习了的一些命令：

- 对列表排序；

- 找到中点；

- 在中点处对列表进行拆分。

现在你将使用这些命令来创建二分搜索过程。只有当你完成了本单元的其他工作时，才能完成这项任务。

这个过程叫作binsearch。这是binary search（二分搜索）的缩写。

While循环

二分搜索过程中有一个while循环。当列表长度大于1时继续循环。

```
while len(atoms) > 1:
```

当列表被切分到只有一个原子时，循环就停止了。

传递参数

该过程对列表进行拆分，直到只剩下一个元素。听起来有点让人担心。这不是破坏了列表，失去了所有的原子吗？

别担心，此过程将使用列表的副本。只有副本会被拆分，原始列表不受影响。可以将值的副本发送到过程中，此副本称为**参数**。发送副本称为**传递参数**。

在本例中：

- 这个过程为binsearch；

- 这个参数为atoms。

过程头如下所示：

```
def binsearch(atoms):
```

参数的名称包含在过程头的括号中。

定义过程

由于该过程比较复杂，右侧给出的是整个过程的完整定义。你可以在程序中使用此过程。

```
def binsearch(atoms):

    atoms.sort()
    name = input("Enter a search term: ")

    while len(atoms) > 1:

        midpoint = len(atoms)//2

        if name < atoms[midpoint]:
            atoms = atoms[:midpoint]
        else:
            atoms = atoms[midpoint:]

if atoms[0] == name:
    print(name,"found in the list")
else:
    print(name,"not found in the list")
```

调用过程

Atom Finder程序调用linsearch过程。

```
if choice == "D":
    linsearch()
```

改变此代码，使其改为调用binsearch过程。记住要包含参数。

```
if choice == "D":
    binsearch(atoms)
```

额外挑战

打开Atom Finder程序。定义本页所示的binsearch过程。

调用binsearch过程。

运行程序并检查它是否工作。

测验

下面是binsearch过程。过程的不同部分都加上了字母标签。

```
def binsearch(atoms):

    atoms.sort()
    name = input("Enter a search term: ")          ◄── A

    while len(atoms) > 1:

        midpoint = len(atoms)//2          ◄── B

        if name < atoms[midpoint]:
            atoms = atoms[:midpoint]          ◄── C
        else:
            atoms = atoms[midpoint:]

    if atoms[0] == name:
        print(name,"found in the list")          ◄── D
    else:
        print(name,"not found in the list")
```

给出与以下各部分匹配的字母：

1. 用户输入搜索词。

2. 程序告诉用户搜索词是否在列表中。

3. 程序找到列表的中点。

4. 程序在中点拆分列表。

你已经学习了：

▶ 如何将代码块存储为过程并在程序中使用它们；

▶ 如何创建在列表中查找元素的过程；

▶ 如何比较用于搜索列表的算法。

尝试测试和活动。它们会帮你看看你理解了多少。

测试

① 列出两种不同的方法来搜索列表。

② 两种方法中哪一种通常更快？

③ 哪种搜索算法使用for循环？for循环中有哪些命令？

④ 选择一种搜索算法。解释它的优点和缺点。

⑤ 描述程序员选择在程序中使用过程的原因。

活动

一家招聘公司正在开发一个程序，搜索一个可用职位的列表。

这个程序叫Job Search。程序还没有完成。你的任务是完成这个程序。

```
jobs = ["printer","tailor","soldier","sailor","programmer",
        "teacher","doctor","nurse"]

def traverse():
    stop = len(jobs)

def linear_search():
    name = input("enter the name of a job")
    stop = len(jobs)
```

下载Job Search程序。或者复制这里显示的代码。

完成以下活动以完成程序。

1. 已经定义了两个过程。它们被称为traverse和linear_search。在程序最后添加命令来调用这两个过程。

2. `traverse`这个程序不完整。使之完整，以便打印Jobs列表中的所有项。

3. `linear_search`程序不完整。使之完整，以便它告诉用户一个职位是否在列表中。

自我评估

- 我回答了测试题1和测试题2。

- 我完成了活动1。

- 我回答了测试题1~测试题4。

- 我完成了活动1和活动2。

- 我回答了所有的测试题。

- 我完成了所有的活动。

重读单元中你不确定的部分。再次尝试测试和活动，这次你能做得更多吗？

🔌 未来的数字公民

你已经了解到编写模块化程序有利于团队合作。几乎所有的软件开发都是在团队中进行的。了解如何在团队中工作是就业的关键技能。想想有助于团队合作的个人特质——尊重所有人、乐于帮助和分享、宽容和开放的沟通。能以这种方式工作的人在现代社会将会占有一定优势。

👓 探索更多

创建一组卡片，向朋友或家人演示二分搜索。这些卡片可以显示数字、字母或单词。

将卡片面朝下按顺序排列。向你的朋友或家人索要一个搜索词（你可能需要解释这是什么意思）。

- 翻开中点卡片并将其与搜索词进行比较。

- 你现在可以扔掉一半的卡片，而不用一张一张地查看它们。

重复这两个步骤，直到桌上只剩下一张卡片。这张卡片就是要搜索的对象（或者搜索项根本不在这些卡片中）。

5 多媒体：创建和分享数字媒体资源

你将学习：

► 如何使用简介和故事板规划一个媒体项目；

► 如何为你的项目选择合适的硬件和软件；

► 如何录制视频片段并使用视频编辑软件进行编辑。

在本单元中，你将规划并交付一个媒体项目。你将创建和分享数字资源，并在项目中使用它们。**数字资源**是以数字形式存储的内容，对你和其他人都有一定价值。

本项目中的数字资源类型包括：

● 静止图像、文本和图形；

● 视频片段。

数字资源可以以不同的方式使用。在本单元中，你将使用数字资源来制作一个以你的同学为主角的视频。你的视频对你来说是独一无二的。它将使用你和同学们所创建的资源来帮助你记录在学校的时光。

你将与其他学生合作。这意味着将合作为你的项目选择硬件、软件和服务。你将分享创建数字资源的工作。

这些资源可以被学校重新使用。例如，借助视频告诉新生和他们的父母关于学校的情况。

学习成果：为特定目的选择和使用合适的技术；创造性地使用技术。

合作媒体项目

你看过电影、电视节目或计算机游戏的结尾吗？媒体项目往往涉及数百人共同创造最终产品。一群一起拍电影的人常被称为"剧组"。在流行电影中，剧组成员的平均人数超过500人。现代电子游戏通常由超过1000人的团队开发。

为了在复杂的项目中协同工作，剧组或团队需要很好地理解他们的职责。他们需要明白他们的工作对最终成品所做的贡献。

在本单元中，你将学习一些方法，像一个电影制作剧组一样与同学一起合作。

选择技术

媒体制作团队最重要的决定之一就是技术。团队应该使用什么软件、硬件和数字服务？技术对项目有很大的影响，所以你必须谨慎地做出选择。在本单元中，你将学习如何分析选择和做出技术决策。

⚡ 不插电活动

- 列出电影、电视和电子游戏制作中不同的剧组角色,例如导演、编辑、录音师。他们在这个项目中做什么工作？你认为他们在这个项目中与谁合作最多？他们如何一起工作并做出决策？

- 想想电影制作人、电视工作人员和游戏开发团队使用的不同技术。你认为媒体团队是如何做关于技术的一些决策的？

- 分享想法。

你知道吗？

好莱坞电影中剧组人数最多的是《钢铁侠3》，3310人参与了这部电影。

谈一谈

你在家做了哪些技术选择？想想计算机、手机、平板计算机、电视和家用电器等设备。你和你的家人是如何决定不同的选择的？

项目简介

数字资源　原型
故事板　要求
选项分析　度量
纵横比　分辨率

5.1 规划媒体项目

本课中

你将学习：

▶ 如何根据简介来规划项目；

▶ 如何创建原型来帮助你规划。

螺旋回顾

在第6册中，你展示了一个合作项目。在第7册中，你为满足观众的需求创建内容。在本单元中，你将利用这些技能在媒体项目中进行协作。你将根据项目的需要做出技术选择。

规划的重要性

你将使用共享数字资源去创建一个视频。这意味着此资源将由你和你的同学共同创造。数字资源包括：

- 与同学的短视频访谈；

- 静态照片；

- 图形，如徽标和图表；

- 文本，如标题和字幕。

你只有很短的时间来创建这些资源，并将它们组合在一起。所以你需要和同学一起认真规划工作。你需要选择合适的硬件和软件来创建你的内容。项目简介将有助于你进行工作。

项目简介

项目简介是告诉你关于项目的重要事项的文档。它应该回答以下问题：

- 客户想要什么？
- 这个产品是给谁的？

- 客户什么时候需要？
- 客户为什么想要它？

在此项目中，客户是你的学校。你的班级需要完成这个项目。下面是项目简介。

关于这个项目

我们学校正在创建一个数字资源图书馆，它将提供一个关于学校生活的积极信息。每个学生都可以选择一些数字资源来制作视频。

项目目标

这些视频将展示学生的才华和IT技能。它们将通过展示以下内容，鼓励其他孩子和家长选择这所学校：

- 关于学校和学习的积极信息的视频

- 学校形象
- 关于学校的信息

关于观众

观众是：

- 现在的学生，他们将有在学校的时间记录；

- 希望了解孩子在学校表现的家长和监护人；

- 其他可能加入学校的孩子。

范围和生产指南

每个学生必须参加一个视频采访，并制作至少两个静态图像。图片可以是学校的建筑物或教室，也可以是班级的集体照片。静态图像还可以包括图表和绘图。它们必须有白色的背景。

团队必须遵循这些视频采访指南。

内容	每位学生应回答以下三个问题： • 今年你在学校最喜欢的活动是什么？ • 是谁激励了你？为什么？ • 你明年期待学什么？
风格	每次采访都应采用以下方式之一进行拍摄： • 镜头内出现访谈人； • 镜头外的对话。 采访可以在室内或室外进行。一定是在学校大楼里或大楼周围。
技术	采访必须被录制下来并保存为高清彩色视频。 它们必须以宽屏格式（16:9纵横比）录制。 文件名必须包括学生的姓名。

所有资源（视频和静态图像）都将以文件共享服务方式存储。学生必须使用此服务保存、加载和共享文件。

每个学生都可以使用任何数字资源制作他们的最终视频。视频应满足以下要求：

- 不超过5分钟；

- 至少有采访同学的三个片段；

- 静态图像。

时间线

在本单元结束前，视频必须要准备好播放和共享。

规划产品

项目简介可以帮助你规划产品。在这个项目中，产品是视频。在IT和媒体项目中，人们通常在阅读了项目简介之后使用**原型**来更详细地规划产品。**原型**是在设计过程中制作的产品模型。它能帮助用户想象成品是什么样子。

有不同种类的原型。

- 低保真原型通常是最早的原型。它通常是产品或服务的手绘草图，如网页。

- 高保真原型通常非常接近最终产品或服务。如果它是一个网页，它可能有一些工作链接和功能。

在媒体项目中，设计师通常使用称为**故事板**的低保真原型来开始规划。故事板通常是一组简单的绘图和注释，它会显示视频的各部分或网站页面应该怎样布局。它还显示了每个部分或每页上应该显示的内容。画故事板可以帮助你思考每个部分的设计。

下面是一个可以为这个项目组合起来的故事板的例子。

项目名称＿＿＿＿＿＿＿＿＿＿＿＿＿＿＿＿＿＿＿＿＿

| 标题屏幕。在学校外面，显示5秒钟。 | 采访马吉德。 | 采访穆罕默德。 |

活动

下载并打开故事板模板。

回顾项目简介。想想你想在视频里包括什么。

完成你的故事板。你应该在故事板上至少添加三个采访部分，每个部分都在框中写上受访学生的名字。之后你将会需要此信息。

为要包含的每个静态图像添加一个故事板框。

在故事板框中添加注释，以帮助你规划工作。例如，关于图像风格的一些注释，关于标题的想法或者其他你想展示的文本。

额外挑战

许多媒体界的创意人士都使用故事板。

联机搜索可以帮助你编写项目故事板的服务。例如，试试www.storyboardthat. com/storyboard-creator。

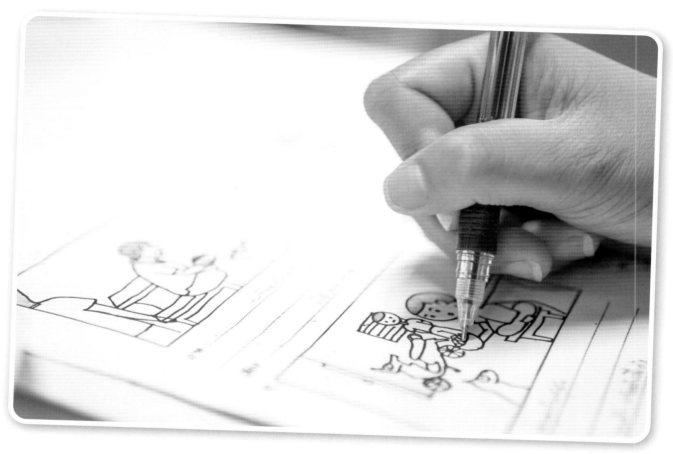

测验

1. 项目简介告诉你什么？

2. 什么是原型？

3. 说出故事板可以向你展示的关于媒体产品的两件事。

4. 低保真原型和高保真原型的区别是什么？

本课中

你将学习：

▶ 如何在理解需求的基础上做出正确的技术选择；
▶ 如何对需求进行优先级排序，从而使选择更容易。

为什么理解需求很重要

需求是技术需要能够做的事情，以帮助你实现项目目标。

在任何项目中，应尽可能在开始工作之前多了解需求，这是很重要的。在项目早期所做的决定会对项目产生深远的影响。例如，关于使用什么样的软件或硬件的决定。

这个图表显示了如果你在项目的早期没有计划和仔细考虑需求，那么项目会有多么困难和昂贵。它表明，随着项目的进行，对产品进行更改可能会变得越来越麻烦。

如果你没有认真考虑项目需求，你可能会发现选择的技术无法满足某些需求。引进新技术可能既困难又昂贵，你甚至需要重做一些工作。

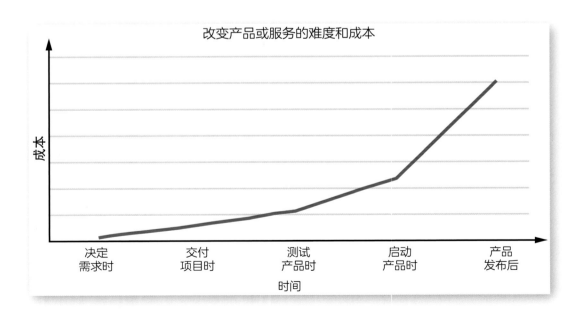

怎样才能做出最好的选择

有许多不同类型的硬件和软件可供选择。因此，有组织的决策方式很重要。

这里有一组步骤可以帮助你。

1. 我了解你想要达到的目标——**你的需求**。

2. 决定什么是最重要的，这叫作**优先排序**。

3. 研究你的选择，及它们如何与你的要求和优先次序匹配。这叫作**选择分析**。

4. 根据你的分析做出决定。

创建需求列表

写下技术项目需求的方法有很多种。

下面是需求最重要的特征：

- 使用一些即便不是技术专家也可以明白的，简单易懂的语句。

- 包括个人或团队的角色。

- 说出个人或团队需要达到的目标。

你可以通过列出你和团队需要在项目中担任的角色来开始收集需求。确定角色后，请写下每个角色的需求。你可以把需求写在表格里。

在这个项目中，团队角色是视频编辑师、艺术设计师和摄影师。课程结束时，你将在课程活动中创建需求列表。

功能需求

下表显示了视频项目（如本单元中的项目）的一些角色和要求。该表还显示了每个需求的优先级。你将在本课程的后面部分学习如何确定需求的优先级。

角　色	需　　　求	优先级
摄影师	我想录高清视频	一定有
摄影师	我希望检查我的录音，而无须从相机下载	应该有
视频编辑师	我想从文件共享服务导入视频片段	应该有
视频编辑师	我想将片段编在一起去制作电影	一定有
视频编辑师	我想在视频中添加音乐	应该有
艺术设计师	我想创建图表	应该有
艺术设计师	我想组合文字和图像	一定有

此表中的需求称为功能需求，因为它们描述了必须做些什么来帮助项目。

非功能性需求

大多数项目也有非功能性需求。非功能性需求描述了软件和硬件必须如何工作。你可以用一个简单的语句描述非功能性需求。

下面是一些例子。

● 软件必须快速处理视频，以便编辑能够处理它们。

你可以设定一个性能目标。例如，应用程序必须在10秒内启动。

● 文件共享服务必须有密码保护，以便文件不会丢失或被盗。

● 硬件或软件的价格必须低于300元。

● 软件或硬件必须与项目中使用的其他产品和服务配合使用。

非功能性需求通常具有可以度量的值，例如，时间限制或金额。这些被称为**指标**。在比较技术选项时，指标可能是有帮助的。

确定需求优先级

项目通常有许多需求。通常你不能满足所有的要求，这会使你很难选择技术或服务来帮助你交付项目。对需求进行优先级排序可以使决策更加容易。

当你将需求按优先级排序后，可以首先集中精力满足最重要的需求。

通过使用三个类别来确定需求的优先级。

1. 必须做的事情：你的技术或服务必须具备的功能。如果你不做这些事情，你的项目就会失败。

2. 应该做的事情：你应该做但不是绝对需要的东西，通常是因为有其他方法可以满足该要求。

3. 可以做的事情：做了比较好，但是你也可以不做。

PRIORITISATION

⚙ 活动

下载需求模板。

复习上一课的项目简介。

使用模板为软件选择6个功能需求，3个是视频编辑软件需要的，3个是艺术设计软件需要的。

记住要考虑项目的方方面面。再次回顾项目简介进行确认。

接下来，选择摄影师所需硬件的3个功能需求。

现在，通过给每个需求赋予"必须拥有"或"应该拥有"的优先级来确定需求的优先级。在每个需求旁边标注M或S。

独立工作或团队合作。保证你项目的安全，下节课你将会用到它。

➤ 额外挑战

如果你有时间，在你的项目中为软件和硬件写下一些非功能性的需求。

考虑：

* 软件和硬件的成本和可用性；
* 它应该如何方便使用；
* 硬件和软件的兼容性。

问问自己：

* 我能在学校或家里找到设备或软件应用程序吗？
* 我需要多少时间来学习如何使用新设备和软件？
* 在这个项目中，哪些应用程序和设备需要协同工作？

✓ 测验

1. "需求"一词在技术项目中是什么意思？

2. 在项目中，为什么对需求进行优先级排序很重要？

3. 把下列优先事项按正确的顺序排列：应该有、可以有、必须有。描述这些优先事项之间的区别。

4. 描述功能性需求和非功能性需求之间的区别。

5 多媒体：创建和分享数字媒体资源

本课中

你将学习：

▶ 如何研究项目的技术选择；

▶ 如何分析选择并做出最终决定。

在上一课中，你了解到正确选择硬件和软件是使IT和媒体项目成功的重要组成部分。

你已经明确了需求，并确定了它们的优先级。在本课中，你将使用需求列表来选择项目中使用到的硬件和软件。

你将研究你的选择，并评估它们是否符合你的要求和优先级。这叫作选择分析。你将根据你的分析做出决定。

研究

现在你已经对需求列表进行了优先级排序，可以开始探索什么样的软件和硬件能与它们匹配。

你可以使用以下方法研究选择：

● 你自己的软件和硬件知识；

● 老师和朋友的推荐；

● 网站和其他在线资源。

作为研究的一部分，你也可以试用软件和硬件。你的计算机可能已经安装了能够满足某些要求的软件。你的教室或家里可能有合适的硬件。

软件公司通常允许客户在购买应用程序之前先进行试用，使用"演示版"或试用版。硬件供应商通常允许客户先测试产品，探索所有可用的选择。

分析

要分析你的选择，你可以使用一个名为需求矩阵的表。它将帮助你检查软件或硬件是否满足需求。矩阵是一个表格，它允许你将每个选项与所有的需求进行比较。

你可以通过检查哪一个选择能满足所有的"必须拥有的"需求，以及大多数的"应该拥有的"需求和"可能拥有的"需求，很快就能发现最好的选择是什么。

下面是一个视频编辑软件需求矩阵的示例。你可以看到，针对功能性和非功能性需求分析了三个选项。对勾(✔)显示选项满足需求。错号(✘)显示选项不满足需求。

优先级	需　　求	类型	解决方案选项		
			Instagram app	Windows photos app	Adobe premiere
必须有	能够编辑片段	功能性	✔	✔	✔
	能够添加标题	功能性	✘	✔	✔
	能够添加静态图像/图形	功能性	✔	✔	✔
	成本低于300元	非功能性	✔	✔	✘
应该有	能够添加音乐/声音	功能性	✘	✔	✔
	能够创建最多5分钟的视频	功能性	✘	✔	✔
	能够导出不同格式的视频以供共享	功能性	✘	✔	✔
	使用方便；快速学习	非功能性	✔	✔	✘
可以有	内置过渡效果	功能性	✘	✘	✔

这个App是最好的选择。它满足了所有的"必备"需求。

做艰难的决定

有时很难做出技术选择。对功能需求的分析可能会给你留下两个或更多合适的选择。那么你要怎么决定？

在这种情况下，再看看你的非功能性需求。检查你是否已将所有选项都包含在选项分析中。你遗漏什么了吗？

以下是需要考虑的一些非功能性的需求。

- **可用性**：使用不同的选择有多容易？其中这些选项需要更多的训练和练习来学习吗？

- **成本**：仔细考虑不同选择的价格。如果软件成本是基于购买（购买软件副本）和订阅（通常通过云服务每月支付使用软件的费用）的，那么比较软件成本就很困难了。

- **支持**：试着找出针对不同的选择有多少支持和指导。它们都有手册和操作指南吗？在网上查看用户是否发布了有用的指南和视频。

- **未来使用**：如果你选择长期使用某个软件或硬件，请尝试评估它在未来是否得到支持。这是一项成熟的技术吗？有没有更现代的东西会很快取代它？在购买和订阅服务之间进行选择时，必须考虑将来的使用。订阅服务通常会定期更新最新版本。

 活动

下载需求矩阵模板。

分组工作。根据你的项目需求，研究下表列出的选项。

试用你接触过的软件和硬件。你还可以测试在线服务和其他产品。在线观看评论和阅读操作指南。

使用需求矩阵模板分析每个需求的选项，这将帮助你决定在项目中使用哪个选择。

确保你选择的所有选项在下一课中都是可用的。你将为你的项目创建内容。

技　　术	调查和分析的建议方案
拍摄采访的硬件选项	摄像机 智能手机或平板计算机 带内置摄像头的台式或笔记本计算机
用于编辑视频的软件选项	Microsoft照片应用程序（适用于Windows） iMovie（苹果iOS版） Filmmaker pro（安卓和苹果iOS） 你自己的设备（智能手机或平板计算机）上可用的视频编辑器 老师给出的其他选择建议
用于创建和编辑图形和图像的软件选项	Microsoft画图程序 Microsoft PowerPoint GIMP 老师给出的其他选择建议
存储和分享文件的服务选项	Microsoft OneDrive（适用于Windows） 苹果iCloud（iOS版) Dropbox 谷歌Drive 学校的共享驱动器（如果可用）

额外挑战

在商业中，项目团队需要从项目经理或管理委员会那里获取对于重要决策的同意意见。使用矩阵来帮助你为项目板撰写简短的选项分析报告。你的报告应该说明：

- 你考虑过哪些选择；

- 你最后的决定是什么；

- 怎样并且为什么做出这个决定。

测验

1. 举出两种你可以找到的为项目做出技术选择的方法。

2. 在选项分析中，应该包括哪些类型的需求？

3. 写下在进行选项分析时可以考虑的两个非功能性需求。

4. 说明选择订阅软件的一个优点。

创建和分享内容

本课中

你将学习：

► 为什么在创建媒体资源的方法上达成一致很重要；

► 如何录制视频；

► 如何保存媒体文件以便在团队项目中共享。

到目前为止，你已经规划好了项目，并决定了将使用哪些技术来发布它。在本课中，你将为此项目创建内容。

就方法达成一致

项目简介要求提供一段与班级中每个成员的访谈短视频。

为了节省时间，你将和同学们一起分担拍摄采访的任务。这就是专业媒体制片人和电影制片人的工作方式。他们通常有独立的团队来制作电影的不同部分。

当你这样工作时，重要的是在以下三方面达成一致：

● 应该拍摄的内容。

● 内容的外观：风格。

● 如何记录内容：技术细节。

内容

为了确保团队创建符合项目简介规定的内容，他们决定使用一种通用的方法。

例如，他们可能会一致同意：

● 每次面试都问同样的问题；

● 从问题列表中随机选择三个问题；

● 图形和图像的某种样式。

风格

项目简介要求，不同访谈的风格要保持一致。为确保满足此要求，请按照以下指南进行操作：

● 位置和背景。你会在室内还是室外拍摄？受访者是坐着还是站着？背景应该是什么？

● 取景。在镜头中，你将如何呈现受访者？

"说话的脑袋"视频拍摄

你将看到两种不同的构建采访镜头的方式。你可能在视频和电视节目中见过这些风格。

1．第一种风格被称为"片段镜头"。被采访者在画面中央。他们直视镜头。当受访者向听众传递一些信息时，通常会使用这种风格。它经常被电视新闻记者和视频博主所使用。

被采访者被框在靠近镜框顶部的地方。

人在镜头的中心。

被采访者直视摄像机。

2．第二种风格被称为"镜头外对话"。被采访者看着摄像机的一边，看着采访者。采访者不在镜头中。他们站在摄像机旁边。这种风格让观众觉得他们也是此次对话的一部分。

被采访者被放在靠近镜框顶部的地方。

被采访者正看着画面的另一边，越过摄像机。

被采访者被置于镜框的一边。

技术标准

团队需要商定他们将使用的技术标准，以便在下一个生产阶段使用这些资源。以下是项目简介中给出的一些重要细节：屏幕格式、文件类型/质量和文件共享。

屏幕格式

纵横比描述屏幕宽度和高度之间的关系。你拍摄的所有采访视频的屏幕格式（或纵横比）应该是相同的。

大多数摄像机和编辑软件可以使用不同的格式。但是，如果视频中不同镜头之间的纵横比发生变化，结果将看起来不一致。

最常见的纵横比如下。

- 4:3——在等离子和LCD/LED型屏幕普及之前，这是电视中使用的格式。4:3是静态图像中常见的格式。

- 16:9—— 这是最常见的高清宽屏格式。大多数现代电视屏幕都是16:9格式。16:9格式的屏幕也可以显示其他纵横比。

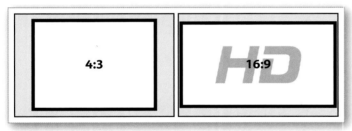

别忘了确定好屏幕方向。通常拍摄视频镜头的方式是横向格式。但许多智能手机用户在拍摄时会以竖向的方式举着手机。

文件类型/质量

大多数摄像机和智能手机可以录制不同**分辨率的视频**。分辨率通常用字母和数字来描述。数字越高，图像越清晰，但视频文件需要的存储空间就越大。

- 4K视频（4096×2160）是非常高的分辨率。许多计算机显示器和大多数电视不能显示4K。

- 全高清（1920×1080）是现代的高分辨率视频标准。它将完美地显示在16:9格式的屏幕上。

- 其他比率，如HD（1280×720）、VGA、PAL和MMS的分辨率较低。它们是为老式计算机显示器和电视机，或者通过消息服务实现的低质量图像共享设计的。

文件共享

项目简介要求项目团队使用文件共享服务来保存数字资源。文件共享服务是一种在线服务。它可以保存文件，以便你可以使用互联网连接在任何地方，使用任何设备对文件进行访问。有时，文件共享服务被称为"云存储"。

与USB驱动器等技术相比，文件共享服务有许多优势。

- 更安全。你可能会丢失USB驱动器。云存储意味着没有设备可以丢失。

- 很便宜。许多服务提供免费存储。

- 内容可以共享。你可以通过允许你的同学访问你的文件存储区来与他们共享文件和文件夹。

就如何使用文件共享服务，团队需要达成一致，这样每个人都可以轻松地找到和访问共享文件。项目简介给出了命名文件的方式。

活动

将拍摄学生访谈和制作静态图像的工作分开。数字资源应该可以在下一课中使用。

拍摄采访并制作静态图像。使用"项目简介"指南帮助你在内容、风格和技术细节上达成一致。

记住定期保存你在文件共享区域创建的数字资源。

额外挑战

如果你有时间，跟踪项目的进度。查看保存在文件共享区域中的数字资源。

如果你的同学需要帮助，就给他们提供帮助。

测验

1. 在开始视频项目之前，请说出两件团队必须达成一致的事情。

2. 在这句话中加上遗漏的单词：分辨率越高，_____尺寸越大。

3. 纵横比描述了什么？

4. 为什么在共享文件之前对命名规范达成一致很重要？

本课中

你将学习：

▶ 如何使用视频编辑应用程序组合视频片段；

▶ 如何将静态图像添加到视频中。

你和你的同学一起为项目制作了视频片段。现在将视频片段组合起来，产生新的、属于你自己的原创数字内容。

你将开始使用视频编辑应用程序，将一个你的"粗剪"视频整合在一起。

粗剪是导演和编辑创作的电影的早期版本。这有助于帮他们决定要使用哪些片段以及将它们按照怎样的顺序排列。有助于他们了解自己的电影会是什么样子。

通常，一个粗剪的视频有一些问题——它是"粗糙的"，没有特效、标题或音乐。你可以在下一阶段编辑和改进所选的视频片段。这被称为"最终剪辑"。

如何使用视频编辑应用程序

下面介绍两种常见的视频编辑应用程序。

1. 故事板编辑器允许你按顺序将片段组合在一起。你可以按顺序移动片段直到你得到一个粗剪。然后可以分别编辑每个片段以进行最终剪辑。

2. 时间线编辑器显示时间线。它们的工作方式与音频编辑器相同。可以沿时间线来放置视频片段。你可以直接在时间线上对片段进行编辑，例如通过剪辑和拆分。

本课中的示例使用Microsoft照片程序作为视频编辑应用程序。它有一个故事板界面。在Microsoft照片程序中，可以将视频和静态图像添加到名为"项目库"的区域。你可以选择保存在计算机上的文件。有些应用程序还允许你选择保存在共享存储中的文件，例如文件共享服务。

添加片段

将片段添加到项目库后，可以将其添加到故事板中。在Microsoft照片程序中，你可以通过将文件**缩略图**拖放到故事板上的任何位置来完成此操作。也可以通过拖曳来更改故事板上片段的顺序。

你可以通过单击故事板（storyboard）上的缩略图来选择片段。你可以使用播放窗口下的控件播放它。如果在故事板上放置了另一个片段，则播放窗口将显示下一个片段，直到故事板上的所有片段都播放完毕。

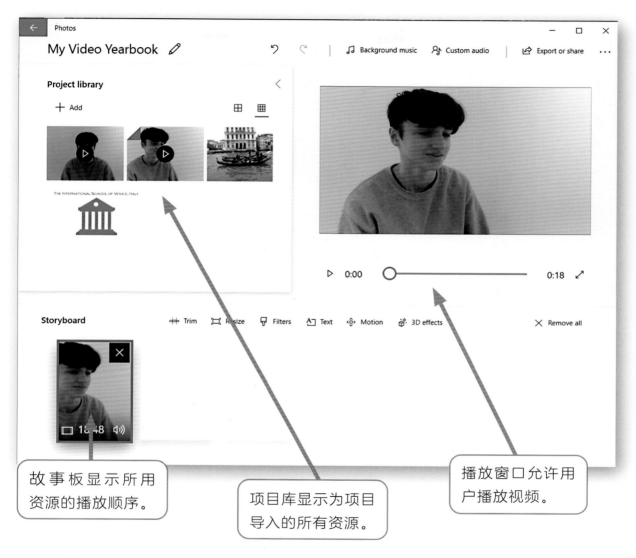

故事板显示所用资源的播放顺序。

项目库显示为项目导入的所有资源。

播放窗口允许用户播放视频。

添加静态图像

你可以使用与添加片段相同的方式添加静态图像，例如照片或图形。

静态图像有时与视频图像具有不同的纵横比。你的视频编辑应用程序可能会缩小静态图像，使其适合视频纵横比。你也可以在屏幕的顶部和底部或侧面添加黑色条来填充屏幕。

你可以对应用程序显示静态图像的方式进行更改。在Microsoft照片程序中，右击故事板上的静态图像，然后更改设置。

组合粗剪

故事板编辑器可以让你轻松地对片段和图像的顺序进行修改。这意味着你可以尝试不同的方式把你的视频组合在一起。你可以很快看出哪种方式最有效。

当你开始组合你的粗剪时，请回顾在5.1课中创建的故事板。用它作为指导，但你可以在这个阶段对电影进行修改。

试试这些想法。

- 改变采访的顺序，看看效果是否更好。

- 把静态图像放在不同的位置，例如，在采访的间隙"分解"电影，增加趣味。

- 实验！例如，电影开始时，在片名出现前有一个采访环节。看看对于观众理解故事是否有帮助。

尝试用不同的方式对你的片段和图像进行排序。继续回顾5.1课中的项目简介。确保你的电影仍然符合项目简介的要求。

活动

对你个人视频的粗略剪辑进行组合。

从文件共享区域选择所需的片段和静态图像。选择三个采访片段：你自己的和另外两个人的。

将资源添加到视频编辑应用程序中的项目库中。

使用应用程序中的故事板或时间线，以首选顺序安排资源。

播放影片，回顾你的粗剪。对片段的顺序进行任意的更改。

保存你的工作。

如果你有时间，可以尝试使用所选应用程序的功能编辑一些静态图像资源。

考虑使用裁剪、滤镜和框架来改善图像的外观。如果要对文件共享区域中的资源进行更改，请使用新名称保存。例如，School Building Image1_edited。

测验

1. "粗剪"是什么意思？

2. 什么是播放控制？

3. 描述视频编辑应用程序中故事板编辑器和时间线编辑器之间的区别。

4. 当你正在组合一组粗剪的视频时，说明项目简介是如何帮助你的。

未来的数字公民

视频内容在网络和社交媒体上越来越流行。观众通常更喜欢看视频，而不是看文字和图像。例如，在社交媒体平台Twitter上，包含视频的短消息比包含图片的短消息更容易被打开。大多数使用视频内容进行广告和营销的公司表示，视频有助于吸引新客户。

你的视频技能将在工作中对你有所帮助。视频内容在未来可能会变得更加流行。

探索更多

你的家人和朋友在他们自己的设备上观看视频，问问他们所看视频的信息。

他们为什么看视频？自娱自乐？学习新事物？分析视频内容对你的家人朋友有多重要。

5 多媒体：创建和分享数字媒体资源

135

5.6 制作并分享最终剪辑

本课中

你将学习：

▶ 如何编辑视频中的片段和静态图像；
▶ 如何添加标题和字幕；
▶ 如何导出和分享最终视频。

在上一课中，你通过按顺序排列资源，创建了个人视频的粗略剪辑。在本课程中，你将编辑视频片段和静态图像以创建你的最终剪辑成品。

视频片段剪辑

你可以剪辑视频片段。剪辑片段就是将不需要的部分取出。

你可能需要从开始或结束处删除片段的一部分。在Microsoft照片程序中，你可以通过单击故事板中的片段并选择Trim（剪辑）来完成此操作。

可以使用滑块控件来剪辑片段的部分。

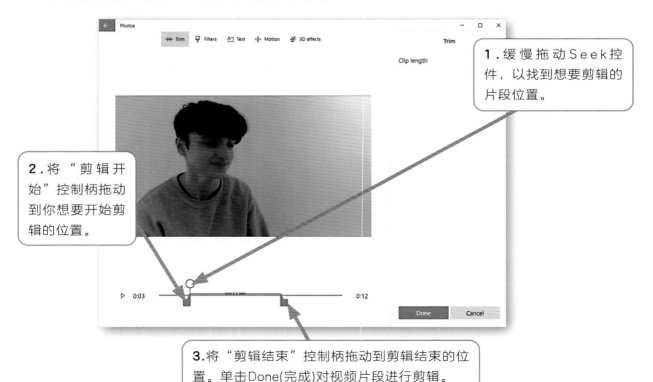

1.缓慢拖动Seek控件，以找到想要剪辑的片段位置。

2.将"剪辑开始"控制柄拖动到你想要开始剪辑的位置。

3.将"剪辑结束"控制柄拖动到剪辑结束的位置。单击Done(完成)对视频片段进行剪辑。

如果你想要去除视频片段的中间部分，请执行以下步骤。

1. 把片段的两个副本一个接一个地添加到故事板上。

2. 选择第一个片段。将"剪辑结束"手柄滑动到你想要切掉部分的开头。

3. 选择第二个片段。将"剪辑开始"手柄滑动到要你想要切掉部分的末端。

4. 重放两个片段。现在这部分应该被去除了。

在其他视频编辑应用程序中，你可能可以使用Split（分割）工具。这将在要剪辑部分的开始和结束处分割视频片段。然后可以选择并删除不需要的部分。

更改静态图像显示的时长

你可以更改静态图像在视频中显示的时间长度。

在Microsoft照片程序中，单击故事板中的静态图像并选择Duration（持续时间）选项。持续时间是指时间长度。你可以从多个选项中选择其一，也可以输入自己的持续时间（以秒为单位）。

尝试不同的持续时间设置，看看哪种效果最好。以静态图像的方式显示文本5秒或更长时间可能对观众更友好，这样观众就有时间阅读文本。

更改设置，然后使用播放控件查看视频。假设你是第一次看这个视频，有足够的时间去阅读和理解所有内容吗？

添加标题

你可以在任何视频片段或静态图像之前添加标题。

- 在视频的开头使用一个标题，让视频的内容变得更清晰。例如"我的8年视频故事"。

- 为视频的每个部分添加字幕，例如"采访我的同学"。

- 在视频结尾处显示授权列表。

如果你使用的是Microsoft照片程序，请通过右击片段或静态图像并选择Add title card（添加标题卡）来添加标题。该应用程序将在故事板中添加一个标题卡。选择标题卡并添加文本。你可以选择背景颜色并设置标题卡显示的时间长度。

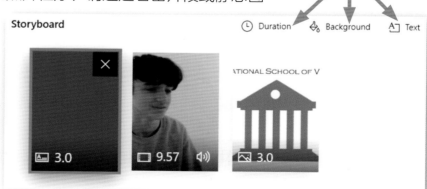

使用这些选项来设计标题卡。

添加字幕

要添加字幕，请选择视频片段或静态图像，然后从菜单中选择Text（文本）。字幕是播放视频片段或静态图像时显示的文本。字幕有以下作用。

- 显示被采访者的名字；

- 解释静态图像的意义。

使用滑块对字幕显示的时间点进行控制。使用播放控件来试验视频的最佳设置。

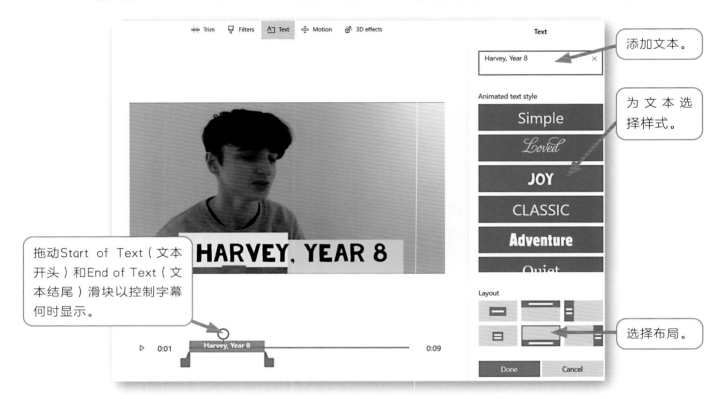

拖动Start of Text（文本开头）和End of Text（文本结尾）滑块以控制字幕何时显示。

添加文本。

为文本选择样式。

选择布局。

导出并分享视频

编辑完视频后，可以将其导出。导出意味着将视频保存为文件。其他的人可以在他们的设备上看到。

视频编辑软件可能有许多文件格式和分辨率的选项。根据你想如何使用你的视频来决定最佳格式。

如果你想在大屏幕上显示它，则应该以尽可能高的分辨率保存它。但是，这将使你的文件非常大，难以共享。如果你想与朋友和家人轻松共享视频，请选择较低的分辨率。

在Microsoft照片程序中有一个简单的关于小、中、大的选择。选择一个最能满足你需要的大小，并将导出的文件进行保存。

活动

打开你在上一课结束时保存的粗剪视频。

剪辑视频片段仅仅显示你想要包含的内容。

如果需要，请调整任何静态图像的长度。

在视频开头添加标题。

导出已完成的视频。

将最终项目的副本保存到文件共享区域。将你的工作保存在与数字资源不同的文件夹中。

额外挑战

如果你有时间，请为一个或多个视频片段或静态图像添加字幕。

创造力

使用你的视频编辑应用程序探索视频片段和静态图像的滤镜、变换和运动效果。如果你认真使用这些功能，它们可以让你的视频看起来更好和更专业。但注意不要加太多。记住要保证简洁。

媒体项目是一种创造性的活动。看看你同学的视频。讨论你和你的同学是否满足5.1课的项目简介。

测验

1. 剪辑视频片段意味着什么？

2. 描述标题和字幕之间的区别。

3. 选择导出视频的分辨率时需要考虑什么？

4. 描述保存视频项目文件和导出视频之间的区别。

5 多媒体：创建和分享数字媒体资源

测一测

你已经学习了：

▶ 如何使用简介和故事板来规划媒体项目；

▶ 如何为项目选择合适的硬件和软件；

▶ 如何录制视频片段并使用视频编辑软件进行编辑。

尝试测试和活动，看看你理解了多少。

测试

这个测试是关于本单元所做项目工作的。

① 列出用于创建数字内容的硬件项目。

② 你是如何使用此硬件创建数字内容的？

③ 描述你在这个项目中使用的两种不同类型的软件。

④ 描述你如何使用每种类型的软件来满足项目需求。

⑤ 解释你在开发项目时所做的选择。例如，你对数字内容所做的更改。这种选择是如何改善最终产品的？

活动

下载并完成工作表。

阅读项目简介和需求部分。

1. 店长需要图像编辑软件。他已经完成了软件选项分析表。阅读表格，决定你应该买哪种软件。你为什么做这个选择？

2. 水下摄像机硬件方案分析表不完整。在"硬件要求"列中填写"必须具备"功能的缺失信息。阅读三个摄像头的描述，并完成表格的其余部分，以显示它们是否满足每个要求。你推荐哪种相机？为什么？

3. 给导游写一封电子邮件，概述他们如何使用水下摄像机和图像编辑软件来制作符合项目要求的数字资源。你不必给出详细的指示。

自我评估

- 我回答了测试题1和测试题2。
- 我完成了活动1。
- 我回答了测试题1~测试题4。
- 我完成了活动1和活动2。
- 我回答了所有的测试题。
- 我完成了所有的活动。

重读单元中你不确定的部分。再次尝试测试和活动，这次你能做得更多吗？

5 多媒体：创建和分享数字媒体资源

⑥ 数字和数据：移动医疗服务

你将学习：

▶ 如何分析保存在数据表中的数据；

▶ 如何利用计算机数据帮助自己做决定。

在本单元中，你将使用数据表来存储信息。这项工作基于一个案例研究。你将是一个补给站的经理。仓库是储存物资的地方。你的仓库将为流动医疗诊所提供重要的医疗用品。你的工作是确保仓库的物资永远不会用完。你将使用计算机数据来帮助自己完成此任务，必要时强调处于紧急短缺状态。你将对未来一年进行评估，以便服务部门可以规划未来的供应。

你知道吗？

世界卫生组织（WHO）由联合国于1948年成立，其职责是促进全世界的卫生健康。世卫组织利用技术收集和分析有关健康需求和如何保持健康的数据。世界卫生日是每年的4月7日。世卫组织利用这一天来传达有关健康的关键信息。

学习成果：使用技术分析数据。

在本单元中，你将记录供应仓库中的库存。该仓库为12个流动诊所提供用品。下面是数据表的摘录，第8~12行被省略了。

MedCode	Category	Type	Packs in stock	Packs per clinic	Packs needed
MED001	Bandages	plain	307	20	
MED002	Bandages	elastic	133	6	
MED003	Bandages	triangular	200	12	
MED004	Bandages	adhesive	21	1	
MED005	Cotton wool	roll	12	2	
MED006	Tape	adhesive roll	10	3	
MED007	Tape	hypo-allergenic	65	3	
MED0013	Scissors	straight	50	3	
MED0014	Scissors	curved	15	1	

这张表格显示了每个诊所所需的医疗用品数量。有12个诊所。

1. 把这张表格抄写在纸上。

2. 将每个诊所的医疗用品数乘以诊所数，算出所需的医疗用品总数。

3. 比较所需医疗用品数量和库存数量。有短缺吗？任何一种医疗用品有短缺都要在表格中记录。

你可能会发现，完成以上任务要花费很多时间。如果你还没有做完就没时间了，那也没关系。别担心，在本单元中，你将使用电子表格使这项工作变得更简单、更快捷。

谈一谈

你听说过哪些慈善机构和志愿组织吗？如果你有机会为慈善机构工作，你会选择哪一个？你做出这个选择的理由是什么？为慈善机构做义工能给你带来什么？

自动求和
单元格引用　条件格式
字段　突出显示　IF公式
关键字段　重新计算　记录
再订购水平　短缺　汇总数据
盈余　工作表

6 数字和数据：移动医疗服务

本课中

你将学习：

▶ 如何以结构化格式组织数据以使其更有用；

▶ 如何使用计算生成新信息。

螺旋回顾

在第7册中，你创建了一个数据表来存储有关企业销售的产品信息。在本课中，你将把这些技能应用到新的案例研究中。你将组织医疗用品的信息，以帮助流动医院的医生。

你的任务

发件人：流动医疗服务主任

我任命你为第四补给站的管理员。已经为你准备了一些基本数据。尽快组织起来。

世界上有些地方受到自然灾害和极端事件，如洪水或森林火灾的影响，在这些地区旅行可能很困难。把生病或受伤的人送到医院同样也很困难。移动医疗服务队可以前往这些地区并帮助人们，可以拯救生命，恢复健康。

医务部门有许多工作人员，例如医生、护士，以及将医务人员送到危险区域的飞行员和司机，还有其他一些重要的职位。首要任务是要确保医生有他们需要的医疗用品。如果没有，此次医疗服务将会失败。

在本单元中，你将为移动医疗服务队建立一个供应数据表，对医疗用品的供应情况进行跟踪记录，确保医疗用品永远都会保证供应。一个好的计算机系统可以挽救生命。

需要什么样的供应

世界卫生组织根据急诊诊所需要的库存提出一些建议。

示例包括：

- 绷带
- 药棉
- 胶带
- 剪刀
- 碗
- 外科手套
- 担架
- 手推车
- 煤油灯
- 听诊器
- 蒸汽消毒器

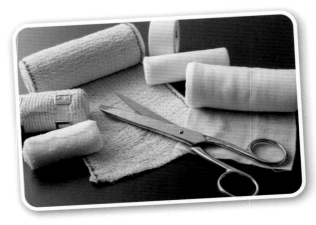

电子表格功能如何提供帮助

在本单元中，你将使用电子表格来组织数据。你将制作一个数据表，使用软件功能回答问题并帮助做出决策。每节课都将介绍新功能。

在本课中，你将把数据放入表格中，并使用公式计算新信息。

整理数据

已经为你制作了一份电子表格。它包含有关医疗用品的信息。电子表格被命名为 Mobile Medical Services。

打开电子表格并查看内容。电子表格有许多行。

文件顶部如下所示：

	A	B	C	D	E	F
1	Mobile Medical Services - Supply Depot Four					
2	Number of clinics supported:		12			
3						
4	MedCode	Category	Type	Packs in stock	Packs per clinic	Packs needed
5	MED001	Bandages	plain	307	20	
6	MED002	Bandages	elastic	133	6	
7	MED003	Bandages	triangular	200	12	
8	MED004	Bandages	adhesive	21	1	
9	MED005	Cotton wool	roll	12	2	
10	MED006	Tape	adhesive roll	10	3	
11	MED007	Tape	hypo-allergenic	65	3	

此电子表格存储了第四补给站的库存信息。仓库的目标是为12个急救诊所提供医疗物资。

优点

将数据都组织整理成表格有许多优点。将数据放入表中，使以下操作变得更容易：

- 对数据进行排序和搜索；
- 使用格式来挑选重要的事项；
- 使用公式计算新信息。

你将在本单元完成所有这些操作。

行和列

你的工作是整理电子表格中的数据。第一步是将数据放到一个包含行和列的表中。在第7册（以及本系列的前几册）中，你已经学习了如何创建和使用数据表。

- 表的列称为**字段**。每个字段存储一条数据。
- 表中的行称为**记录**。每个记录存储关于一个对象的所有数据。

其中一个字段是**关键字段**。关键字段存储对于每个对象都有独一无二的数据。

表中放什么内容

看看电子表格，看看表中有哪些数据。

- 第1行和第2行有关于仓库的一般情况介绍。第3行为空。这些行不属于此表。

- 第4行到第28行属于此表。

- 列A到E包含数据。它们属于此表。

- F列有标题但没有数据。你应该在表中包含此列，稍后将添加数据。

记住这些信息，选择表中的所有单元格。你将选择从A4到F28的所有单元格。通过在单元格上拖曳鼠标来选择单元格。

格式为表格

选定单元格后，单击窗口顶部的Format as Table（表格格式）为表格选一种颜色。此选项位于"Home（主页）"选项卡的"Styles（样式）"部分。

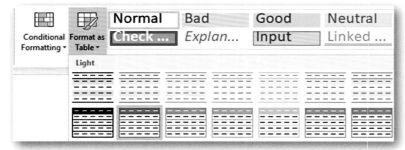

完成的表将如下所示：

	A	B	C	D	E	F
1	Mobile Medical Services - Supply Depot Four					
2	Number of clinics supported:		12			
3						
4	MedCode	Category	Type	Packs in stock	Packs per clinic	Packs needed
5	MED001	Bandages	plain	307	20	
6	MED002	Bandages	elastic	133	6	
7	MED003	Bandages	triangular	200	12	
8	MED004	Bandages	adhesive	21	1	
9	MED005	Cotton wool	roll	12	2	
10	MED006	Tape	adhesive roll	10	3	
11	MED007	Tape	hypo-allergenic	65	3	
12	MED008	Safety pins	38mm	20	1	
13	MED009	Safety pins	45mm	16	1	
14	MED010	Safety pins	87mm	20	1	

活动

打开Mobile Medical Services电子表。

将里面的数据转换成表格。

计算所需的医疗用品包裹数

你的目标是供应12个诊所。F列标题为Packs needed（需要的包裹）。你将在F列输入一个公式来计算你需要多少包裹。

首先，思考如何计算这个值。你在本单元简介部分的"不插电活动"中手动完成了此任务。

- E列显示了一个诊所所需的包裹数。
- 你的目标是12个诊所。

因此，你必须把所需包裹的数量乘以12才能得到你需要的总包裹数。

输入公式

你已将数据放入一张表中。这意味着你只需要在列的顶部输入一次公式，计算机将把公式复制到下面的所有行。

选择单元格F5。这是Packs needed列中的第一个单元格。

- 键入"="启动公式。
- 单击左侧的单元格（单元格E5），该单元格显示诊所所需的包裹数。
- 键入乘法运算符"*"。
- 键入数字12。

公式如下：

Packs per clinic	Packs needed
20	=[@[Packs per clinic]]*12

按Enter键，计算机将为表格的每一行填写答案。

Packs in stock	Packs per clinic	Packs needed
307	20	240
133	6	72
200	12	144

 **活动**

在单元格F5中输入一个公式，计算出所需的医疗用品包裹总数。

测验

1. 你制作的表中有多少字段？
2. 表中字段的名称是什么？
3. 哪个字段是关键字段？
4. 举例说明为什么其他字段不适合作为关键字段。

额外挑战

通过一些调查研究或者你自己的知识，再想出急诊室可能需要的三种物品。为数据表创建三条新记录。确保在A到E列中输入恰当的数据。你得把这些数字补上。

如果你填写了这些值，那么计算机将计算出所需的包裹总数。它将把公式"复制"到这些行中。

本课中

你将学习：

► 如何对数据进行格式化以突出显示最重要的内容。

你的任务

发件人：流动医疗服务主任

你有足够的库存来供应12个诊所吗？如果物资短缺的话，在明天之前告诉我。我将用空降方式运送紧急物资。

在上一课中，你组织了仓库的数据，把它做成了一张表。现在你将使用数据表来回答这个紧急的请求。如果你的物品库存很少，你需要安排空降来获得更多的补给。

用空降方式提供物品既昂贵又危险，只有在供给急需物品时才能使用。

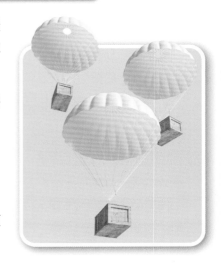

电子表格功能如何提供帮助

在本课中，你将使用**突出显示**来挑选问题的答案。突出显示意味着使用色彩或其他特征来挑选表中的关键数据。在本例中，你将用红色来挑选条目。

突出显示是**条件格式**的一个示例。它是一种格式，例如单元格颜色，它是基于逻辑判断确定的。如果判断为True，计算机将添加高亮。在本例中，你将挑选库存过低的物品。

计算盈亏

你需要知道仓库里是否有足够的存货。你有回答这个问题所需要的信息。

- D列有库存包裹的数量。

- F列有你需要的包裹数。

要计算出你是否有足够的库存，你必须计算库存量减去你所需的数量。

如果结果为0或更多，则库存内有你所需的包裹数。如果数字为负数，则你的库存数量少于所需的包裹数。那样的话，你必须要求更多的补给。

开始新字段

你将向数据表中添加一个新字段以保存这个新数据。你将使用一个计算公式。

- 如果数字是正数，则表示**盈余**。这意味着你有比需求更多的库存。

- 如果数字为负数，则表示**不足**。这意味着物资供不应求。你需要更多的医药品。

你可以将新的一列称为Surplus/Shortfall（盈余/短缺）。新建列标题。

Packs needed	Surplus/Shortfall
240	
72	
144	

该表将自动拓展来包含新的列。你可能需要将列加宽来容纳新文本。

输入公式

记住，公式是库存的包裹数量减去所需的包裹数量。你将在表格的第一行输入公式。计算机将填写其他所有行的答案。

公式如下：

Packs in stock	Packs per clinic	Packs needed	Surplus/Shortfall
307	20	240	=[@[Packs in stock]]-[@[Packs needed]]
133	6	72	
200	12	144	

运用你所学的技能来制作这个公式。

1. 键入等号。

2. 单击Packs in stock（库存包裹数）列中的第一个值。

3. 键入减号。

4. 单击Packs needed（所需包裹数）列中的第一个值。

当你按Enter键时，计算机会计算出库存的每种医药品的盈余或短缺情况。

Surplus/Shortfall
67
61
56
9
-12
-26
29
8
4
8

活动

创建一个新列来记录盈余和短缺。输入计算盈余或短缺的公式。

突出显示短缺

主任要求你汇报是否有短缺。记住，短缺的意思是，你需要的数量大于库存数量。你必须要求紧急运送这些物资。

如果有短缺，你将在新列中看到一个负数。因为这张表很小，所以你可以往下看，找出负数。在一张大表格中，将一些重要数据高亮显示是有帮助的。电子表格为你提供了这样做的工具。

条件格式

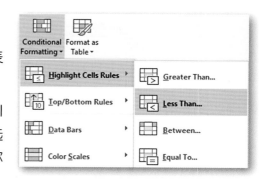

首先，选择G列中的单元格。你可以单击电子表格顶部的G来选中整个列。

Styles部分有一个按钮，上面写着Conditional Formatting（条件格式）。单击该按钮打开菜单，选择Highlight Cells Rules（突出显示单元格规则）。你将突出显示值为Less Than（小于）的单元格。

将会出现如下所示窗口。你必须输入一个数字。输入0，这将告诉计算机突出显示小于0的值。

单击OK。你将看到G列中的负数以红色突出显示。这样很容易发现它们。

🔧 活动

使用条件格式突出显示短缺的物资。

➡ 额外挑战

有三个学生来和你一起做义工。你让他们负责检查仓库里的所有物品。他们发现有些物品被洪水损坏了。这是学生志愿者给你的便条。

> **向第四仓库经理汇报**
> 我们的库存检查发现：
> - 只有2包完好无损的药棉。
> - 只有3个煤油灯，其余的都坏了。
> - 仓库内没有胶带。

调整库存水平以匹配此信息。

准备一封短电子邮件给主任。告诉他所有短缺医疗品的名称，以及缺货的数量。这将有助于他安排应急物资。

✓ 测验

移动医疗服务还记录了在不同诊所工作的医生和护士的人数。这是电子表格的一部分。

	A	B	C	D
1	Clinic name	Doctors	Nurses	Column D
2	Mobile clinic 4a	2	15	
3	Mobile clinic 4b	3	6	
4	Mobile clinic 4c	0	7	
5	Mobile clinic 4d	4	5	
6	Mobile clinic 4e	3	1	
7	Mobile clinic 4f	0	3	
8	Mobile clinic 4g	5	9	

1. 要求计算每个诊所的工作人员总数。哪列会保存这些数据？

2. 你会用什么公式？

3. 诊所人员不得少于5人，否则员工的安全与健康会有风险。解释如何使用单元格高亮显示来标识人手过少的诊所。

4. 解释如何标识没有医生的诊所。

本课中

你将学习：

▶ 如何使用数据表检查或测试不同的值。

你的任务

发件人：流动医疗服务主任

紧急物资将于今晚到达。

- 药棉50包；
- 胶带50包；
- 煤油灯50个。

健康危机越来越严重。我们想建立更多的诊所。你现在的库存可以多供应多少个诊所？

你的仓库目标是供应12个流动诊所。在这封信中，主任问你是否能设法供应12个以上的诊所。你能增加这个目标个数吗？在本节课中你会看到多供应诊所的可能性，并对此进行测试。

电子表格功能如何提供帮助

电子表格公式用于计算结果。在6.1课中，你计算了所需包裹数。在6.2课中，你计算了盈余还是短缺。

单元格引用

电子表格公式使用了**单元格引用**。这意味着它们从电子表格中的其他单元格中获取值。例如，在计算所需的包裹数时，使用了Packs per clinic列中的值。你把它乘以12。

向下复制

你在表格的第一行使用了公式，计算机自动将公式复制到表格的所有行。它会根据表中不同的行来调整公式。

重新计算

使用单元格引用后，可以更改单元格中的值。任何使用该值的公式都将**重新计算**。重新计算意味着电子表格将使用新的数据得出新的答案。重新计算允许你尝试使用不同的值。你可以看到每次变化后的效果。

更改值

应急物资已经到达。你的仓库现在有更多库存。主任的便条告诉你新物品的数量。

- 药棉：增加到62包。
- 胶带：增加到60包。
- 煤油灯：增加到60个。

确保现在对电子表格进行更新。右图是显示新值的电子表格。

你可以看到重新计算的效果。电子表格中的值已更改，已经不再短缺，没有突出显示的单元格。

MedCode	Category	Type	Packs in stock	Packs per c	Packs neede	Surplus/Shortfal
MED001	Bandages	plain	307	20	240	67
MED002	Bandages	elastic	133	6	72	61
MED003	Bandages	triangular	200	12	144	56
MED004	Bandages	adhesive	21	1	12	9
MED005	Cotton wool	roll	62	2	24	38
MED006	Tape	adhesive roll	60	3	36	24
MED007	Tape	hypo-allergenic	65	3	36	29
MED008	Safety pins	38mm	20	1	12	8
MED009	Safety pins	45mm	16	1	12	4
MED010	Safety pins	87mm	20	1	12	8
MED011	Kidney dish		47	3	36	11
MED012	Instrument tray		34	2	24	10
MED013	Scissors	straight	50	3	36	14
MED014	Scissors	curved	15	1	12	3
MED015	Bowls	0.5 litre	36	2	24	12
MED016	Bowls	2 litre	30	2	24	6
MED017	Trolley		16	1	12	4
MED018	Stretcher		20	1	12	8
MED019	Surgical gloves	size 6.5	20	1	12	8
MED020	Surgical gloves	size 7.5	45	3	36	9
MED021	Surgical gloves	size 8.5	20	1	12	8
MED022	Kerosene lamp		60	2	24	36
MED023	Stethoscope		60	3	36	24
MED024	Steam steriliser	15 litre	30	2	24	6

使用新公式

诊所数设置为12。此值存储在单元格C2中。现在你将更改计算需要多少包裹的公式。你将包括对单元格C2的单元格引用。

然后可以尝试C2中的新值，计算机将根据新值重新计算。

使用单元格引用

你将更改Packs needed列中的公式。目前的公式如下：

=[@[Packs per clinic]]*12

从E列中取每个诊所的医疗包裹数，将它乘以12。现在你将更改公式。不是乘以12，而是乘以单元格C2中的值。

单击Packs needed列顶部的公式。删除数字12并单击单元格C2。按Enter键完成公式。

Mobile Medical Services - Supply Depot Four
Number of clinics supported: 12

MedCode	Category	Type	Packs in stock	Packs per clinic	Packs needed	Surplus/Sho
MED001	Bandages	plain	307	20	=[@[Packs per clinic]]*C2	
MED002	Bandages	elastic	133	6	72	

现在的公式如下：

=[@[Packs per clinic]]*C2

有问题!

你会发现一个问题。列中的所有结果都出错了!

Packs needed	Surplus/Shortfall
240	67
0	133
#VALUE!	#VALUE!
#VALUE!	#VALUE!
#VALUE!	#VALUE!
#VALUE!	#VALUE!
#VALUE!	#VALUE!
#VALUE!	#VALUE!
#VALUE!	#VALUE!
#VALUE!	#VALUE!

这是因为计算机试图把公式从表中复制下来。每行中的单元格引用都已更改。单击Packs needed列中的任何单元格,你将看到此错误。它把C2变为C3、C4、C5等,从而产生错误的结果。

修正错误

有时你不想让计算机改变公式,希望它在表格的每一行都保持不变。这次你就需要这样做。

幸运的是有办法解决这个问题。将美元符号$放在任何不想更改的值旁边,表示绝对单元格引用。**绝对单元格引用**的内容将在表的每一行中都保持不变。

转到packs needed列的顶部,在2的前面放一个美元符号。

=[@[Packs per clinic]]*C$2

现在可以在表的所有行中都看到正确的结果。

Packs needed	Surplus/Shortfall
240	67
72	61
144	56
12	9
24	38
36	24
36	29
12	8
12	4
12	8
36	11
24	10

⚙️ 活动

根据本课所示,对电子表格进行更改。

- 更改库存物品的数量。

- 更改所需医药包裹数量的公式。

测试和检查

现在你可以更改单元格C2中的值。对数量进行改变可以测试你能供应多少诊所而不会出现短缺。

例如，如果你把诊所的数量从12个增加到13个，就没有短缺。

Mobile Medical Services - Supply Depot Four

Number of clinics supported: 13

MedCode	Category	Type	Packs in stock	Packs per clinic	Packs needed	Surplus/Shortfall
MED001	Bandages	plain	307	20	260	47
MED002	Bandages	elastic	133	6	78	55
MED003	Bandages	triangular	200	12	156	44
MED004	Bandages	adhesive	21	1	13	8
MED005	Cotton wool	roll	62	2	26	36
MED006	Tape	adhesive roll	60	3	39	21
MED007	Tape	hypo-allergenic	65	3	39	26
MED008	Safety pins	38mm	20	1	13	7

但如果你把诊所的数量增加到20个，那就会有很大的短缺。

答案一定介于这两个数字之间。

Packs needed	Surplus/Shortfall
400	-93
120	13
240	-40
20	1
40	22
60	0
60	5
20	0
20	-4
20	0
60	-13
40	-6
60	-10

活动

尝试在单元格C2中输入不同的数字。找到可以保证诊所供应充足基础上的最大诊所数量。如果数字正确，Surplus/Shortfall（盈余/短缺）列中的值都不会小于0。

额外挑战

只有当你能得到更多的供给来弥补不足时，你的库存量才可以支持20个诊所。通过电子表格来帮助了解更多信息。给主任写一个如下开头的留言。

来自：四号补给站

我们可以支持20个诊所，但我们还需要以下额外物资：

把你所需要补给物资的详情写在留言条上。

测验

问题1~3涉及以下公式：

=120*A4

1. 如果单元格A4的值为20，那么这个公式的结果是什么？

2. 当被向下复制到表中，名称不会发生改变的单元格引用是什么？

3. 演示如何重新编写此公式，使其在向下复制到表中时不会被更改。

4. 解释你在本课中如何使用重新计算来回答主任的问题。

6.4 订购什么

本课中

你将学习：

▶ 如何分析数据为决策提供指导。

你的任务

来自：流动医疗服务主任

我们已经开辟了通往你们那里的通道。这意味着我们可以开始使用补给车辆为你们定期运送物资。每周给我们一份你们所需物品的清单。

现在道路通车了，你们的仓库可以定期得到补给。但是你应该要些什么呢？哪些是最迫切需要的呢？在本课中，你将学习如何使用电子表格功能来为决策提供指导。电子表格将帮助你从供应车中选择所需物资。

电子表格功能如何提供帮助

在本课中，你将使用**IF公式**。这是一个电子表格公式。它的工作原理类似于程序中的if…else结构。

IF公式以这样开始

=IF（ ）

括号内有三项（用逗号分隔）：

- 逻辑判断；
- 判断为True时的输出；
- 判断为False时的输出。

螺旋回顾

在本课中，你将使用电子表格IF公式。IF公式类似于程序中的if…else结构。if…else结构在大多数编程语言中较为常见，包括Scratch和Python。你在编程单元的学习将帮助你完成这项任务。

与突出显示比较

使用IF公式是使用突出显示规则的替代方法。高亮显示规则对整个列应用一个条件。IF公式允许你为表中的不同项设置不同的逻辑判断。

再订购水平

像这样的库存数据表通常包含一个再订购水平。再订购水平是库存的最低数量。它大于零。如果库存低于再订购水平，这是一个信号，告诉你需要再多订购点物资。在本课中，在库存低于再订购水平时，你将使用IF公式来发出警示。

创建电子表格的新列，输入标题"Reorder level（再订购水平）"。

什么水平

不同物品的再订购水平是不同的。有些物品，如绷带很快就用光了。其他物品，如担架需要的数量较少。

在此电子表格中，你将为库存中的每种物品设置再订购水平。若要设置再订购水平，请将Packs per clinic乘以2。如果库存低于该水平，你将订购新的物品。

输入公式

在Reorder level列的第一个单元格中输入公式。该公式必须将Packs per clinic乘以2。使用学过的技能来完成此公式。

你应该看到这样的结果：

Reorder level
40
12
24
2
4
6
6
2
2
2
6
4

 活动

添加标题为Reorder level的新列。

添加一个公式来计算数据表中每种物品的再订购水平。

再订购信息

为库存表创建最后一列。给它起一个标题叫"Reorder message（再订购信息）"。

现在你将在该列中输入IF公式。如果剩余库存低于再订购水平，该列将显示消息"Reorder this item（再订购此物品）"；否则，将显示消息OK。

规划

下表所示的规划列出了IF公式的各个部分。

逻辑判断	剩余<再订购水平
如果判断为True	"Reorder this item（再订购此物品）"
如果判断为False	"OK"

制作公式

选择Reorder message列中的第一个单元格。

开始计算公式

键入以下内容开始公式：

=IF(

逻辑判断

接下来要输入的是逻辑判断。

- 单击显示库存盈余/短缺的单元格。

- 键入小于运算符：<。

- 单击显示再订购水平的单元格。

公式如下所示：

=IF（[@[Surplus/Shortfall]]<[@[Reorder level]]

如果判断为True

如果判断为True，现在告诉计算机该显示什么。

- 键入逗号。

- 输入消息"Reorder this item"，记住要包括引号。

你的公式如下所示：

=IF（[@[Surplus/Shortfall]]<[@[Reorder level]]，"Reorder this item"

如果判断为False

通过键入逗号和判断为False时显示的消息（如"OK"）来完成公式。别忘了引号和结束括号。

你的公式如下所示：

=IF（[@[Surplus/Shortfall]]<[@[Reorder level]]，"Reorder this item"，"OK"）。

按Enter键，公式将会向下复制到列中的所有单元格。

结果

公式的结果如下所示。该消息告诉你需要重新订购的所有物品。

Reorder message
Reorder this item
OK
Reorder this item
OK
OK
OK
OK
OK
Reorder this item
OK
Reorder this item
OK
Reorder this item

活动

创建一个新列叫Reorder message（再订购消息）。

输入一个新的IF公式，来显示库存量低于再订购水平的所有物品的再订购消息。

额外挑战

向显示再订购消息的列中添加条件格式。如果单元格包含"Reorder this item"的内容，则突出显示该单元格，使用绿色突出显示。

Reorder message
Reorder this item
OK
Reorder this item
OK
OK
OK
OK
OK
Reorder this item
OK
Reorder this item
OK
Reorder this item
Reorder this item

测验

这是一个IF公式的例子。

=IF（[@[Stock]]<0，"URGENT REORDER"，"Not urgent"）

1. 逻辑判断包括一个关系运算符。什么关系运算符？

2. 如果逻辑判断为True，将显示什么消息？

3. 你应该在库存水平达到零之前订购物品。为什么要这样做？

4. 绷带的再订购水平高于担架的再订购水平。给出一个理由。

本课中

你将学习：

► 如何由记录计算汇总数据

螺旋回顾

在第7册中，你使用了自动求和按钮。它将一组值相加。在本单元中，你将再次使用自动求和。如果你不记得什么是自动求和，回顾第7册中第6单元的内容。

你的任务

来自：流动医疗服务主任

恭喜你已经经营了4个月的补给站。还有多少库存？你用了多少？

你当供应站经理已经4个月了。你的工作供应了16个流动诊所。你做了详细的记录。你已经记录了每个月所使用的库存量。

现在你将生成汇总数据。**汇总数据**是指根据一组数字计算得出的结果，例如总数、平均数和其他统计数字。汇总数据给我们呈现的是大局而不是细节。

在本课中，你将使用汇总数据找出：

● 发送了多少物品；

● 使用了多少物品；

在下一课中，你将使用此数据对未来一年进行预估。

电子表格如何提供帮助

电子表格可以包含多个工作表。一个工作表可能有详细的记录，另一个可能有汇总数据。

在本课中，你将使用带有两个工作表的电子表格：

● Deliveries(交货)：包含每月发放货物详细记录的工作表。

● Stock count（库存统计）：提供汇总数据的工作表，如4个月的总库存。

通过使用单元格引用，可以从第一个工作表中获取数据，并在第二个工作表中使用。

仓库汇总

下载名为"Depot summary（仓库汇总）"的电子表格。

此电子表格有两个工作表，即Deliveries和Stock count。看看电子表格的底部，你将看到两个标签。标签显示两个工作表的名称。

总交付量

选择名为Deliveries的工作表。此工作表显示了3月、4月、5月和6月交付给仓库的每种物品的数量。电子表格已格式化为数据表。

在表的右侧添加一个新列。输入标题4-month total（4个月总计）。选择此列的顶部单元格，然后单击"自动求和"按钮。

Supply Depot Four - N	
Number of clinics :	
MedCode	**Category**
MED001	Bandages
MED002	Bandages
MED003	Bandages
MED004	Bandages
MED005	Cotton wool
MED006	Tape
MED007	Tape
MED008	Safety pins
MED009	Safety pins
MED010	Safety pins
MED011	Kidney dish

Deliveries | Stock count | ⊕

通过单击标签，可以在两个工作表之间切换。

March	April	May	June	4-month total
40	50	50	0	140
10	10	10	0	30
25	0	25	30	80
2	0	2	2	6
5	2	2	2	11
5	0	0	3	8
5	0	0	1	6
2	2	2	2	8
2	2	2	2	8
2	2	2	2	8

计算机将4个月（3月、4月、5月和6月）的数据相加，得出总交货量。计算机将此公式向下复制到表格的所有其他行中。

⚙ 活动

加载名为Depot summary的电子表格。打开名为Deliveries的工作表。

在工作表中添加一列以显示4个月的总计。使用自动求和为每行计算此值。

库存汇总

电子表格有两个工作表。第二个工作表为Stock count。单击标签从而在屏幕上打开此工作表，如右图所示。

	A	B	C	D	E
1	Supply Depot Four - Stock count				
2	Number of clinics :		(this year)	16	
3					
4	MedCode	Category	Type	Starting	Remaining
5	MED001	Bandages	plain	7	22
6	MED002	Bandages	elastic	43	20
7	MED003	Bandages	triangular	20	10
8	MED004	Bandages	adhesive	6	6
9	MED005	Cotton wool	roll	32	40
10	MED006	Tape	roll	15	23
11	MED007	Tape	hypo-allergenic	20	12
12	MED008	Safety pins	38mm	5	9

此工作表显示4个月期初的库存量（Starting字段）和期末剩余库存量（Remaining字段）。学生志愿者通过清点货架上的包裹找到这些数据。

交货

现在你将扩展工作表。添加一个新字段，显示在4个月期间共交付了多少库存。

首先，键入新列的标题，标题是Deliveries。

Starting	Remaining	Deliveries
7	22	
43	20	
20	10	

公式

现在，你将使用一个公式将使用另一个表中的值。如果你对此感到困难，就回到起点，重新开始。

1. 选择新列中的第一个单元格。

2. 键入"="来开启公式。

3. 使用页面底部的标签打开其他工作表。

4. 单击显示4个月总计的单元格。

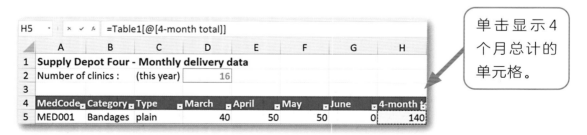

> 单击显示4个月总计的单元格。

看看电子表格顶部的公式，如下所示。

=Table1[@[4-month total]]

这说明公式将使用Table1（第一个工作表）中标记为4_month total的值。

按Enter键。计算机将从Table1中获取值。它将会把表中每一行的值都带过来。

Starting	Remaining	Deliveries
7	22	140
43	20	30
20	10	80
6	6	6
32	40	11
15	23	8

⚙ 活动

打开Stock count工作表，添加标题为Deliveries的列。在此列中输入一个公式，用来把Deliveries工作表中的4_month total数据带到此列中来。

现在生成一个标题为Stock used的列。在此列的第一个单元格中输入公式以进行计算。

- 键入"="以开始公式。

- 单击存储着你所需要的值的单元格。使用加号和减号运算符输入公式。

下图中显示了该公式。按Enter键，你将看到计算结果。

Starting	Remaining	Deliveries	Stock used
7	22	140	=[@Starting]+[@Deliveries]-[@Remaining]
43	20	30	
20	10	80	

➥ 额外挑战

在Stock count工作表中添加两个新列。

- 添加标题为"Monthly average use(每月平均使用量)"的列。通过将4个月的总计除以4来计算此值。

- 添加标题为Stock warning（库存警告）的列。如果剩余库存量小于每月平均使用量，请使用IF公式显示警告。

✓ 测验

一名医疗志愿者记录了两周以来每天到诊所就诊的病人人数。数据被存储在电子表格的单元格中。回答关于这些志愿者制作的电子表格的一些问题。

1. 汇总数据是指根据一组数字计算得出的结果。请举例说明你可以用患者个数计算的汇总数据项。

2. 你会使用什么样的电子表格功能来计算两周内就诊的总人数？

3. 说明你如何计算诊所的每日平均人流量。

4. 诊所的最大容量为500人。但有时会有500多人就诊。描述如何使用电子表格功能突出显示此问题。

6

数字和数据：移动医疗服务

163

本课中

你将学习：

▶ 如何根据当前数据估计未来趋势。

你的任务

来自：流动医疗服务主任

好消息——我们明年的资金已经有了保障。请使用你的记录来估计你未来的库存需求。

你的仓库要供应16个诊所。在上一课中，你计算了4个月期间每种物品的使用量。现在，你将使用这些数据来估计明年所需的总库存量。移动医疗服务可以使用你的估计来为未来做计划。

电子表格有何帮助

你可以使用汇总数据来估计未来的趋势。例如，如果你知道一棵树去年长了1米，你可能估计它今年会长1米。但请记住，估计并不一定准确，我们过去看到的趋势可能不会持续到未来。

为了使估算尽可能准确，应尽可能做到以下三点：

- 基于可靠的数据作出估计；

- 把所有重要因素都考虑进去；

- 使用精确的计算。

做好记录有助于帮你规划未来。

未来估计

打开名为Depot summary的电子表格文件。选择名为Stock count的工作表。名为Stock used的栏显示了4个月内每种物品的使用量。4个月是一年的三分之一。因此，如果这一趋势保持下去，那么你将在一年内使用这个库存量的三倍。

你在这个单元里做了很多计算。试着通过独立工作来完成这项任务。把Stock used数据乘以3，得出Yearly estimate（年度预估数）。你完成的工作应该如右图所示。如果你已完成"额外挑战"任务，你的电子表格可能会有更多的列。

Stock used	Yearly estimate
125	375
53	159
90	270
6	18
3	9
0	0
14	42
4	12
8	24
7	21
11	33
1	3

活动

扩展数据表以显示每种物品的年度估计。

预计使用量

你刚刚计算了一个年度预估数。这是基于去年的结果。这里有16个诊所。诊所的数量在D2单元格中显示。

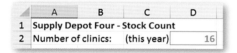

	A	B	C	D
1	Supply Depot Four - Stock Count			
2	Number of clinics:	(this year)		16

但如果诊所的数量增加到20家呢？那么预估的结果也会改变。在本课的其余部分，你将使用电子表格来探索这个问题：

如果诊所的数量增加到20家呢？我需要多少库存？

要回答这个"假设"问题，你将：

- 找出一家诊所一年的医疗用品总用量；
- 乘以20得到你需要的总库存。

一家诊所使用的物品

向工作表中添加新列。标题是One clinic（一个诊所）。

你可以使用以下公式计算一个诊所使用的物品：

- 年度估计；
- 除以诊所数量（D2单元格）。

记住在D2中放一个$符号，即D$2。这将固定单元格引用，以便在向下复制时它不会做任何更改。

新公式如下所示。

Stock used	Yearly estimate	One clinic
125	375	=[@[Yearly estimate]]/D$2
53	159	

明年的诊所

现在你必须在电子表格的顶部添加一个新值，显示明年诊所的数目。暂时将该值设置为20。在电子表格顶部输入此数字。表格可能的外观如下图所示。新值位于单元格F2中。

	A	B	C	D	E	F
1	Supply Depot Four - Stock count					
2	Number of clinics :		(this year)	16	(next year)	20

明年的库存

现在创建一列来显示一年所需的库存量。输入适当的列标题。

你算出了供应一家诊所一年所需的平均库存量。你还输入了明年的诊所数量。

因此，我们对明年所需库存量最终的最佳预计是：

- 一家诊所的年平均值；

- 乘以诊所的数量。

诊所的数目在F2单元格。使用单元格引用F2。请记住添加$，以创建绝对单元格引用。

Yearly estimate	One clinic	Next year
375	23.4375	=[@[One clinic]]*F$2
159	9.9375	

活动

如果诊所的数量在下一年增加到20个，找出仓库的估计库存需求。

额外挑战

来自：流动医疗服务主任

感谢你的年度预算。我在计划明年的交货量。你将每月收到一批货。请告诉我每个月每种物品我应该派送多少件。

这是主任的最后要求。他想知道明年你的月交付量有多少件。

你有一个估计的年度数字，将它除以12，就可以大致知道每个月需要多少库存。对结果进行格式化，使其显示为整数。

将此信息用电子邮件发送给主任。你可以发邮件给你的老师来说明你所做的工作。

Yearly estimate	One clinic	Next year	Per month
375	23.4375	468.75	39
159	9.9375	198.75	17
270	16.875	337.5	28
18	1.125	22.5	2
9	0.5625	11.25	1
0	0	0	0
42	2.625	52.5	4
12	0.75	15	1
24	1.5	30	3
21	1.3125	26.25	2

✓ 测验

仓库对未来一年时间将向诊所供应多少物品进行估计。估计是很重要的，但不是完全可靠的。

1. 如果你有年度预算，如何计算月度预算？

2. 如何确保你的估计是最好的呢？

3. 给出一个理由，说明为什么诊所所需的供给量可能与估计值不同。

4. 仓库经理利用了未来一年的估计值来计划交货。请说明仓库经理想知道库存物品数量的另一个原因。

探索更多

对电子表格中物品的成本进行独立研究，例如，通过查看在线商店。将找到的信息添加到电子表格中。用一年中所使用物品的数量乘以每件物品的成本。一年内使用的所有物品的总成本是多少？

未来的数字公民

年轻人为一些慈善机构和福利组织做志愿工作，这是获得经验和帮助他人的好方法。本单元是关于使用计算机技能来帮助一个医疗慈善机构。但是有许多不同类型的志愿工作你可以尝试，也并不总是需要专业技能。当你长大的时候，要留意相关广告并呼吁大家提供帮助。

创造力

制作移动医疗服务的海报，用来鼓励人们捐款来购买医疗用品。使用电子表格中的信息，例如，"仅我们的一个诊所每年要使用xxxxx绷带"。

你已经学习了：

▶ 如何分析存储在数据表中的数据；

▶ 如何利用计算机数据帮助决策。

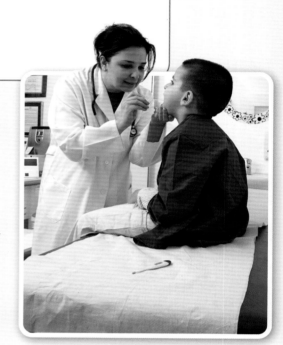

尝试活动和测试。它们会帮你看看理解了多少。

活动

一家临时儿童保健诊所开业6周。此数据表显示了第一周每天在诊所接受治疗的儿童人数。它还显示了每天到诊所就诊的医生人数。

	A	B	C
1	Day	Children treated	Doctors
2	Monday	150	3
3	Tuesday	90	5
4	Wednesday	230	5
5	Thursday	80	4
6	Friday	123	6
7	Saturday	90	3
8	Sunday	219	6

1．创建一个数据表来保存这些数据。添加一个运算算出一周内接受治疗的儿童总数。

2．创建一个名为Patients per doctor（每位医生的患者）的新列。输入一个公式来计算一周中每天每位医生平均诊治的患者数。

3．主任说医生一天治疗病人不应超过30人。使用突出显示功能来显示超出此值的日期。

测试

这是下周诊所的情况。该表已经扩展到显示平均每天接受治疗的儿童人数。

	A	B	C	D
1	Day	Children treated	Doctors	Patients per doctor
2	Monday	180	3	60
3	Tuesday	110	5	22
4	Wednesday	210	5	42
5	Thursday	88	4	22
6	Friday	105	6	17.5
7	Saturday	78	3	26
8	Sunday	222	6	37
9	TOTAL this week	993		
10	Average per day	141.9		
11				

❶ 此数据表中有多少字段？

❷ 你会用什么公式来计算平均每天接受治疗的儿童人数？

❸ 你将如何使用这些数据来估计诊所一年内可以治疗的儿童总数？

❹ B5单元格的值改变了。列出因为它而更改了的其他单元格。

❺ 该电子表格显示了每天预估的患者人数。这些信息如何帮助你规划诊所值班医生的人数？

❻ 如何提高预估数据的准确性？

自我评估

- 我回答了测试题1和测试题2。
- 我完成了活动1。
- 我回答了测试题1~测试题4。
- 我完成了活动1和活动2。
- 我回答了所有的测试题。
- 我完成了所有的活动。

重读单元中你不确定的部分。尝试这些活动和测试，这次你能做得更多吗？

词汇表

编辑（edit）：对某对象进行更改。你可以编辑文件、文档或单个数据项。

遍历（traversing）：访问、打印或查看数据结构中的每个值。

参数（parameter）：从主程序发送到过程的值。

超级计算机（supercomputer）：一种具有巨大存储容量和处理能力的大型计算机系统。在天气预报等科学应用中，超级计算机常被用来处理大量的复杂数据。

传递参数（pass a parameter）：从主程序向过程发送一个值。参数通常是值的副本。

重新计算（recalculate）：当数据值改变时，计算机将重新计算结果。这意味着它将利用新的数据得出新的答案。

单元格引用（cell reference）：在电子表格中，每个单元格由字母和数字标识，如A4。如果将单元格引用输入公式，计算机将获取存储在该单元格中的数据并将其用于计算。

导航计算机（guidance computer）：用于引导飞机、航天飞船和汽车的计算机。

电子学习（e-learning）：利用计算机系统进行学习，通常是远距离的。

调用过程（call a procedure）：在程序中输入过程的名称。当计算机看到过程的名称时，它将执行存储在过程中的所有命令。

度量（metrics）：用来衡量、比较软件和硬件的质量或性能的数字。例如，计算机处理器的速度以千兆赫（GHz）为单位。你可以用这个数字来和其他计算机进行比较。

短缺（shortfall）：在库存控制中，短缺意味着你的物品比你需要的要少。

多媒体（multimedia）：使用一种以上的数字媒体（如文字、视频）来交流思想。

多人游戏（multi-player game）：在互联网上进行的、多人相互竞争和合作的一种游戏。

二分搜索（binary search）：一种搜索，它重复地将列表一分为二，直到列表中只剩一项为止。

分辨率（resolution）：用于创建图像的像素数。分辨率通常表示为图像宽度和高度的像素数，如1920×1080（也称全高清）。

服务器（server）：网络上为用户提供服务的计算机，例如为用户存储、检索和发送计算机文件。

服务器机房（server room）：网络中心的一个空间，包含服务器、交换机和其他网络设备。

辅助技术（assistive technology）：一些硬件和软件，旨在帮助能力不足者访问和使用计算机系统。

工作表（worksheet）：电子表格。电子表格文件中可以有多个工作表。

故事板（storyboard）：绘图和注释，显示完成的视频或其他媒体产品的全貌。当你需要决定事情的顺序时，使用故事板。

关键字段（key field）：用来存储对于数据表中每个记录都唯一的数据。它通常是一个代码号。

光纤电缆（fibre-optic cable）：一种由透明纤维制成的电缆，用于连接网络设备。它以光脉冲的形式传输数据。

过程（procedure）：存储命令的模块。过程不生成新值。过程就像完成一项任务的小程序。

过程定义（procedure definition）：构成过程的代码。在Python中，过程定义由过程头和过程体组成。

函数（function）：创建新值的模块或过程。

汇总数据（summary data）：由一组数字计算出的结果，例如总数、平均数和其他统计数字。

IF公式（IF formula）：具有条件结构的电子表格公式。它类似于程序中的if…else结构。

集线器（hub）：一种硬件设备，用于转发网络上的文件和消息。集线器将接收到的数据发送到连接到它的每个设备。

集线器室（hub room）：一个包含交换机和集线器的房间，用于将网络扩展到建筑物的远处。

计算机模型（computer model）：模拟现实世界中真实过程的计算机程序。

记录（record）：数据表中的行。每个记录存储关于一个事物（例如对象或人）的所有数据。

健壮程序（robust program）：即使用户输入错误数据也不会崩溃的程序。

交互式视频（interactive video）：可由观众控制的一种视频播放。例如，屏幕上的可点击区域可以改变视频的顺序。

交换机（switch）：在网络上转发文件和消息的硬件设备。交换机将它接收到的数据只发送到数据的目标设备。

接口（interface）：程序中处理用户输入和输出的部分。

局域网（local area network，LAN）：安装在一个建筑物或一组建筑物中的网络。学校网络就是局域网的一个例子。

绝对单元格引用（absolute cell reference）：将单元格移动或复制到电子表格中的新位置时不会更改的单元格引用。在Excel中，可以在单元格引用中添加$符号以阻止其更改。

宽带网络（broadband network）：在计算机之间快速传送大量数据的一种方式。

词汇表

列表（list）： 一种特殊的变量。列表可以存储多个不同的数据项。在Python中，列表显示在方括号内。

流媒体（streaming）： 通过互联网访问音频和视频资源的一种方式。流媒体允许还未完全下载的媒体播放。

路由器（router）： 将两个网络连接在一起的硬件设备。用于将局域网或家庭网络连接到互联网。

模板（template）： 应用于演示文稿、网页和文档的一种设计。模板决定了屏幕或文档的元素组合的方式。

模块（module）： 带有名称的现成代码块，可以在程序中使用。过程和函数都是模块。它们也可以称为"子过程"或"例程"。

模块化编程（modular programming）： 使用模块（如程序和函数）的编程。

模拟（simulation）： 可以模拟现实生活事件，例如化学实验或地震等地理事件的计算机程序。

内置函数（built-in function）： 作为Python的现成部分提供。例如，input和print命令。你不必制作这些函数，只需在代码中使用它们即可。

嵌套（nesting）： 当一个程序结构在另一个结构中。例如，if结构可以嵌套在while循环结构中。

热点（hotspot）： 公共场所（如餐厅或火车）中的一个位置，你可以在其中建立互联网连接。

人工智能（artificial intelligence）： 计算机编程来模仿人类思维和行为方式的一种技术。

删除（remove）： 从列表中删除值的Python命令。

数据包（packet）： 可以通过网络发送的小数据块。文件和消息在通过局域网或互联网发送之前被分成数据包，也称为分组。

数据包交换（packet switching）： 通过网络发送数据的一种方法，其中数据包沿着最清晰的路线发送到目的地。

数据结构（data structure）： 可以容纳许多值的变量。列表是数据结构的一个典型示例。

数据中心（data centre）： 一个连接到互联网的专用设施，在这里可以存储、分发和处理数据。

数字的（digital）： 由数字（数值）组成。

数字数据（digital data）： 转换成数值的数据。数字数据可以由计算机存储和处理。

数字资产（digital asset）： 任何可以在项目中存储和使用的数字文件，如文档、视频或图像。

双绞线电缆（twisted pair cable）： 一种由铜线制成的电缆，用于连接网络设备。它以电脉冲的形式传输数据。

搜索词（search term）：在搜索中查找的条目。

算法（algorithm）：列出解决问题或完成任务步骤的计划。一个算法可以用来规划一个程序。有时同一个问题可以用多种算法解决。

缩略图（thumbnail）：图像的一个小副本，用于文件资源管理器之类的应用程序中。单击缩略图通常会打开图像的较大版本。

索引号（index number）：告诉你元素在列表中的位置。在Python中，第一个位置编号为0。索引号显示在方括号中。

条件格式（conditional format）：基于逻辑判断的电子表格格式，如单元格颜色。如果判断为True，计算机将添加格式。

调制解调器（modem）：一种硬件设备，它把在一种网络上发送的数据转换成可以在另一种网络上使用的格式。

停止值（stop value）：是一些数字，用来停止计数器控制的循环结构。

头部（header）：许多Python结构，如循环、if语句和过程都有头部。头部控制结构。头总是以冒号结尾，其后面是结构的主体。

突出显示（highlighting）：使用颜色或其他视觉特征来标注表中的关键数据。

网络（network）：连接起来的计算机，以便共享文件和资源（如打印机）。

网络安全密钥（network security key）：允许用户登录无线网络的代码。网络安全密钥用作密码。

网络存储（network storage）：网络上的大型存储设备，由许多用户共享以存储数据文件。

网络会议（web conferencing）：通过互联网举行会议。

网络接口卡（network interface card，NIC）：计算机内部的硬件设备，计算机通过它连接到网络。NIC用于有线和无线连接。

无线接入点（wireless access point，WAP）：提供无线网络接入的硬件设备。

线性搜索（linear search）：遍历列表中的所有元素的一种搜索，一个接一个地查找搜索项。

项目概要（project brief）：用来解释项目的文件。

虚拟现实（virtual reality）：计算机生成的对现实生活或想象环境的模拟。观看者可以在环境中移动，并使用特殊的耳机和传感器与环境进行交互。

需求（requirement）：工作中所需要的软件或硬件的特性或功能。

词汇表

选项分析（options analysis）：通过对照需求对软件、硬件和在线服务进行评审，来决定在项目中使用哪些软件、硬件和在线服务。

验证（validation）：使用规则阻止错误输入的检查称为验证检查。

盈余（surplus）：在库存控制中，盈余意味着你有比需要的更多的物品。

优先顺序（prioritisation）：按重要性的顺序对需求或活动进行排序。根据不同需求对项目的重要性，可以将需求分为"必须拥有""应该拥有""可能拥有"。

语音发生器（speech generator）：将数字文本转换成模拟语音的装置。残疾人士使用它能够改变他们的说话能力。

元素（element）：列表中的项目。

原型（prototype）：成品的模型，如图画或故事板。原型可以是低保真度，也可以是高保真度，这取决于创建原型的时间点。

越界错误（out of bounds error）：如果使用的索引号对于列表来说太大，则会导致越界错误。

云（cloud）：用于描述互联网服务，特别是互联网数据存储。

再订购水平（reorder level）：库存的最低水平。如果库存低于再订购水平，这表明你需要订购更多物品。

整型除法（integer division）：一种产生整数结果的除法类型。答案被圆整为最近的整数。在Python中使用符号//进行整型除法。

中点（midpoint）：列表中间的元素。

中点值（midpoint value）：存储在列表中点的值。

主题（theme）：应用于演示文稿、网页和文档的设计。主题决定了设计中使用的颜色、字体和图形图像。

主体（body）：Python结构由头和主体组成。主体中的命令是缩进的。这些命令由头控制。

追加（append）：添加到结尾。可以将项附加到列表中。

自动求和（AutoSum）：一个快捷键，只需单击一次即可将一个组中的所有值相加。

字段（field）：数据表的列。每个字段存储一种数据。

纵横比（aspect ratio）：屏幕或图像的宽度和高度之间的比例关系。摄影和视频中常见的纵横比包括4:3和16:9（通常也称为"宽屏"）。